# 그린캠퍼스 가이드북
Guidance for Campus Sustainability

**최윤정**

연세대학교 주거환경학과 (학사, 석사, 박사) 졸업
(사)한국생활과학회 회장 역임
현재 충북대학교 생활과학대학 주거환경학과 교수
녹색건축인증, 녹색기술인증 심의위원

## 그린캠퍼스 가이드북
Guidance for Campus Sustainability

**초판1쇄 인쇄** | 2020년 1월 31일
**초판1쇄 발행** | 2020년 1월 31일

**저 자** | 최윤정
**발행처** | 충북대학교 출판부
**발행인** | 김수갑

**주 소** | 28644 충북 청주시 서원구 충대로 1
**전 화** | 043-261-2952, 3014
**팩 스** | 043-274-1256
**이메일** | presscbu@chungbuk.ac.kr
**등 록** | 제1983-2001-7호
**인쇄처** | 케이프린텍

**ISBN** 978-89-7295-504-7 93590
**값** 29,000원

이 저서는 2019학년도 충북대학교 국립대학육성사업에 의하여 발간되었음

# 그린캠퍼스 가이드북
Guidance for Campus Sustainability

**최윤정** 지음

충북대학교 출판부

# 머리말

최근들어 우리는 매일 아침 미세먼지 농도를 확인하며 마음 놓고 숨쉬기도 어려운 상황임을 한탄해왔는데, 특히나 작년 겨울은 갑작스러운 추위에 놀라고 지난 여름은 지속된 폭염에 지친후, 청명한 가을에까지 강력한 태풍을 만나게 되면서 지구온난화의 심각성을 실감하였다.

그런데 우리나라의 대학 캠퍼스는 최근 몇 년간 에너지 다소비 건물의 상위권을 독점할 정도로 에너지 다소비 인공물이고, 에너지 및 폐기물 등의 비용이 개인부담이 아닌 관계로 생활 실천적 측면에서도 일반주거단지보다 친환경 실천이 미흡하다. 따라서 지구온난화 방지와 구성원의 건강을 위해서는 에너지 다소비 커뮤니티인 캠퍼스를 진정한 의미의 그린캠퍼스로 변화시키는 것이 매우 절실한 실정이다.

서구에서는 1990년에 프랑스 탈루와르에서 전세계 22개 대학 총장들이 모여, 대학이 환경문제 해결에 적극적으로 참여하고 대학에서의 친환경적인 운영을 선언하면서부터 그린캠퍼스라는 용어가 공식적으로 사용되기 시작하였고[1], 미국은 2006년 12월 애리조나주립대학교에서 개최한 미국대학총장기후협약(American College & University Presidents Climate Commitment, ACUPCC)으로부터 미국 내 여러 대학이 온실가스 배출 목표량을 설정하기 시작하였다[2].

우리나라는 2008년 11월 한국그린캠퍼스협의회가 발족되어 사례발표와 연구를 통해 그린캠퍼스 확산을 위한 노력을 해오고 있으며, 2011년부터 시행된 환경부의 '그린캠퍼스 조성 및 운영지원사업'과 2013년부터 시행된 서울시의 '그린캠퍼스 조성사업'은 그린캠퍼스 추진을 실행하는데 기여하고 있다. 그러나 이러한 정부지원 그린캠퍼스 조성사업은 적은 예산으로, 광범위한 그린캠퍼스 추진요소 중 일부요소를 추진하는 정도일 뿐 아니라, 아직까지 조성사업을 시작하지 않은 대학도 많다.

저자는 2014년 연구년 기간동안 미국 대학의 그린캠퍼스 추진내용을 스터디하기 시작하였다. 이를 계기로 2015년부터 3년간 독일, 핀란드, 호주의 그린캠퍼스 선진사례를 현지조사하고, 우리나라의 관련제도와 전국 대학의 추진현황을 조사한 후, 우리나라의 실정에 맞는 그린캠퍼스 조성을 위한 추진모델과 단계적인 추진전략을 제안하는 연구를 수행하였다. 이 과정에서, 그린캠퍼스 조성사업을 수행하고 있는 대학의 실무자를 비롯한 관련 전문가들과 포커스그룹인터뷰를 진행하였는데, 그린캠퍼스의 실효성 있는 추진을 위해서는 대학 총장 등 경영진의 의지가 매우 중요하며, 대학 구성원 모두가 그린캠퍼스란 무엇이며, 무엇을 해야 하는지를 쉽게 인지할 수 있는 자료가 필요함을 절실히 깨닫게 되었다.

이에, 연구진행과정에서 스터디한 내용과 연구결과를 바탕으로, 캠퍼스 구성원으로서 그린캠퍼스 추진을 위한 실천의지의 마중물이 될 지식과 정보들을 사진과 쉬운 언어로 소개하고자 이 책의 저술작업을 시작하게 되었다. 이 책이 대학 경영진과 캠퍼스 구성원에게 그린캠퍼스란 무엇인지 이해하고 행정과 실천하는데에 조금이나마 보탬이 되기를 기대한다. 대체로 아직까지 시작단계에 있는 우리나라 그린캠퍼스 추진을 위한 목표와 모델, 추진전략을 제안하였으며, 저자가 제안한 추진전략이 그린캠퍼스 추진업무를 담당하는 대학 실무자에게 매뉴얼 성격으로 학교 상황에 맞춰 활용할 수 있도록 하는데 의미를 두고, 가급적 많은 그린캠퍼스 요소를 포함하였고, 2부에서 실제 사진으로 소개하였다. 이러한 추진전략의 제안은 대학측의 자발적인 노력에 도움이 되기 위한 것이지만, 국가 온실가스 감축목표 달성을 위해 에너지 다소비 기관의 상위권을 차지하고 있는 캠퍼스의 급진적 변화를 위해서는 그린캠퍼스 추진을 현재 교육부에서 시행되고 있는 대학기본역량진단평가 등에 항목으로 포함시키는 것도 고려할 필요가 있다고 본다.

그러나, 저자가 포함한 그린캠퍼스 요소는 4곳의 해외사례와 환경부 평가표로부터의 취합이고, 국내실태 조사에서도 92개 응답학교로부터의 실태파악이었고, 최종제안을 위한 포커스그룹인터뷰는 8명의 전문가로 구성하여, 다소의 한계점을 가진다. 또한 앞으로 저자가 제안한 추진전략의 시행에 의해 구성원의 인식 변화 또는 캠퍼스의 탄소배출량 저감효과에 대한 실증적 연구가 수행될 필요가 있다고 생각한다.

이 책은 거의 5년동안 진행된 연구의 결과물로서, 연구진행 기간동안 동고동락한 연구보조원들, 조사에 협조해주신 조사대상 대학교의 관계자분들, 이 저술을 출판해 주신 충북대학교

출판부에 깊은 감사를 표한다. 그리고 우리학교의 그린캠퍼스 추진에 보탬이 되고자하는 마음으로 저자에게 저술작업을 결심하게 한 전임 출판부장 이은미 교수님과, 원고편집의 파일작업을 도와 저자의 부족한 시간을 메꾸어 준 남편과 아들에게 진심으로 사랑의 마음을 전한다.

2019년 10월

저자의 마음을 담아

# 목차

## 2부 선진 그린캠퍼스에서는 무엇을 하고 있나

## 3부 그린캠퍼스 추진과 실천 가이드

1부

# 그린캠퍼스 가이드의 시작

# 1. 왜 그린캠퍼스인가

## 1.1 그린캠퍼스 추진의 배경

### 1) 지구온난화

그린캠퍼스가 무엇이며 왜 필요한지에 대해 이야기하기에 앞서, "지구온난화"란 무엇인가에 대해 먼저 이야기 할 필요가 있다. 지구온난화란 간단히 지구의 평균기온이 상승하고 있는 현상을 말한다. 이러한 지구 온도의 상승이 빙산의 해빙, 가뭄, 폭풍 등의 예측할 수 없는 많은 기후의 변화를 가져오기 때문에 "기후변화"라고도 표현한다.

IPCC[1)]의 5차 평가보고서(2013)[3]에 따르면 지구온난화로 인해 1880년부터 2012년까지 지구의 평균기온은 0.85℃ 상승하였다. 또한 1971년부터 2009년까지 연간 2,260억톤의 빙하가 감소한 것으로 관측되고 지구 평균 해수면은 1901년부터 2010년까지 0.19m 상승하였다. 이로 인해 현재도 해수면 상승에 의해 일부 국가에서는 국토가 바다에 잠기는 현상이 일어나고 있다. 지금과 같은 추세가 지속될 경우 21세기 말의 평균기온이 20세기 말보다 2.6℃에서 최대 4.8℃까지 상승할 것으로 예상되고 있다.

1) Intergovernmental Panel on Climate Change : 1988년 11월 유엔 산하 세계기상기구(WMO)와 유엔환경계획(UNEP)이 기후변화와 관련된 전 지구적인 환경문제에 대처하기 위해 각국의 기상학자, 해양학자, 경제학자 등 3천여 명의 전문가로 구성한 정부간 기후변화 협의체

2015년 파리협정에서는 각국은 지구 기온상승을 2℃[2] 이하로 묶는 것은 물론, 2℃ 보다 현저히 낮은 수준, 즉 1.5℃까지 낮추기 위해 노력하기로 합의하였으며, 이를 실천하기 위해 IPCC에서는 2018년 "지구온난화 1.5℃ 특별보고서"[4]를 발간하였다. 이 보고서에 따르면, 최근에는 온도 상승 추세가 더 빨라져 10년마다 0.2℃씩 오르고 있으며 현재 속도로 이산화탄소 배출량이 증가한다면 2030년에서 2052년 사이 1.5℃ 상승에 도달할 것으로 예측하고 있다. 2100년까지 온도상승폭을 1.5℃ 이내로 제한하려면 사회 모든 부문에서 신속하고 광범위하면서 전례없는 변화가 필요하다고 지적했다. 온도상승 1.5℃ 제한을 위해서는 2030년까지 2010년 대비 최소 45% 수준으로 온실가스 배출량을 감축하는 것이 필요하며 2050년까지 이산화탄소 배출량이 0이 되어야 한다.

기후변화는 지구 평균기온이 상승할수록 인류의 저지 또는 완화 능력을 벗어난다. 지구 평균기온이 일정수준 이상 올라간다면, 그때는 인류가 온실가스 배출을 제로로 만든다고 해도 이미 커다란 눈덩이가 되어 경사면을 굴러가는 기후변화를 돌이킬 수 없다. 기후변화를 일으키는 요인 자체가 서로 상승작용을 일으켜서 인류의 개입 없이도 계속 진행되는 것이다. 이렇게 더 이상 손쓸 수 없는 지점을 티핑 포인트(Tipping Point)라고 한다. 지구기온 상승을 섭씨 1.5℃로 제한하려는 것은 기후변화가 티핑 포인트에 다가가는 것을 막겠다는 의미를 포함하고 있다[5].

그렇다면 지구온난화를 일으키는 원인은 무엇일까? 가장 대표적 원인으로 손꼽히는 것은 온실효과이다. 온실효과란 지표면의 열이 지구 밖으로 나갈 수 없도록 막는 작용을 일컫는데, 온실효과를 일으키는 대기오염물질을 온실가스라고 한다. 이 때, 온실가스가 발생하는 가장 주요한 원인은 바로 화석연료의 대량 소비이다. 석탄, 석유, 천연 가스 등의 화석연료를 태우면 이산화탄소가 방출되는데, 이산화탄소는 지구복사의 방출을 방해해 대기의 온도를 상승시켜 지표 전체를 덥히는 역할을 한다. 온실효과를 일으키는 기체는 이산화탄소 외에도 메탄, 이산화질소, 프레온 가스 등이 있으며, 이들 기체의 발생원인은 화석연료의 연소, 삼림파괴 외에 자동차 배기가스, 쓰레기 소각 및 부패, 냉매 및 에어로졸 분사체 사용 등으로 밝혀져 있다.

2) 2℃란 산업혁명이 시작된 1850년부터 2100년까지의 지구 평균기온 상승을 말한다. 10년마다 약 0.1도 정도 상승하는 것을 지구와 인류가 견딜만한 것으로 보는 것이다. 만일 기온 상승이 이 한계를 넘으면 생태계 변화는 빠르게 일어날 것이고, 인류는 적응하기가 매우 어렵거나 적응을 위한 비용이 훨씬 커질 것이라고 연구자들은 경고한다.

### 2) 기후변화협약

다행스럽게도 세계 여러 기구와 국가들에서 지구온난화의 진행에 대한 우려를 공유하고 대책을 논의하기 위한 노력을 해오고 있다. 최초의 기후변화협약은 이러한 지구온난화 문제를 전 지구적 차원에서 공동으로 대응하기 위하여 1992년 브라질 리우에서 열린 기후변화협약 회의에서 채택한 환경협약이다. 이후 1997년 교토의정서가 채택되면서 일차적으로 협약이 완성되어 2005년 교토의정서가 공식 발효되었다(1차 공약기간 2008~2012). 그 후, 교토의정서 체제 이후의 세계적인 대응을 위해 계속적인 협의를 진행하였으며 2012년 도하 총회에서는 교토의정서 체제의 2차 공약기간 연장안을 채택하였고(2차 공약기간 2013~2020), 2015년 파리 총회에서 2020년 이후의 신기후체제 출범에 합의하였다(그림 1).

교토의정서는 협약의 효과적인 이행을 위하여 온실가스 배출에 책임이 큰 선진국들에게 공약기간 내에 온실가스배출량을 1990년 수준보다 5.2% 감축하라는 구체적인 의무를 부여한 협약이다. 교토의정서에 포함된 교토메커니즘은, 청정개발체제(CDM)[3], 공동이행제도(JI)[4], 배출권거래제도[5]를 통칭하며 시장거래방식을 통해 온실가스 감축 한계비용을 최소화하는 것이 목적이다. 그러나 온실가스 최대 배출국인 미국의 의정서 비준 거부로 인해 의정서의 실효성이 반감되었고 중국과 인도와 같은 신흥 공업국들의 배출량이 선진국의 배출량을 능가하게 되어 선진국의 감축만으로는 충분치 않게 되었다. 또한 캐나다, 일본, 러시아, 호주, 뉴질랜드가 2차 공약기간에 불참함에 따라 의정서 참여 선진국의 배출량이 전세계 배출량의 15%에 불과하게 되었다. 다시 말해서 교토의정서는 기후변화에 대응하기 위한 최초의 국제적 움직임이었으나 선진국에만 의무적 감축책임을 부과하는 체제이며 미국, 일본 등의 이산화탄소 다배출 국가가 불참함으로써 실효성이 없는 반쪽짜리 협약이었다는 총평이다. 이러한 문제들을 해결하기 위해 2009년 코펜하겐 총회, 2011년 더반 총회 등의 노력이 계속되다가 2015년에 파리총회에서 신기후체제를 채택하고 2020년에 출범하기로 합의하였다.

---

3) 청정개발체제(CDM, Clean Development Mechanism)는 선진국이 개발도상국에서 온실가스 저감사업을 수행하여 감소된 실적의 일부를 선진국의 저감량으로 허용하는 제도.

4) 공동이행제도(JI, Joint Implementation)란 부속서 I 국가들(대부분이 OECD국가들) 사이에서 온실가스 저감사업을 공동으로 수행하는 것을 인정하는 것으로, 한 국가가 다른 국가에 투자하여 저감한 온실가스 감축에 대하여 온실가스의 저감량의 일정분에 대하여 투자국의 감축실적으로 인정하는 체제

5) 배출권거래제도(Emission Trading)는 부속서 I 국가가 의무감축량을 초과 달성하였을 경우 이 초과분을 다른 부속서 I 국가와 거래할 수 있는 조항으로서, 온실가스도 일반 상품과 같이 사고 팔 수 있는 시장성을 가지게 하는 제도

2015년에 합의된 신기후체제의 핵심은 선진국만이 아닌 우리나라를 포함한 대부분의 당사국이 온실가스 감축에 참여하기로 한 것으로, 협상 전에 자발적인 감축안을 제출하는 방식을 채택함으로써 변화된 국제경제의 현실과 형평성을 균형있게 반영한 것이 특징이다. 당사국의 90% 이상이 감축량을 제출하였고, 이들 국가의 배출 총량이 전세계 배출량의 90%가 넘는다는 점에서 파리 합의가 실효성을 확보했다고 볼 수 있다.

또 하나의 핵심은 지구의 기온상승을 산업화 이전 대비 2℃ 상승보다 훨씬 아래로 묶어야 한다는 목표달성인데, 궁극적으로 1.5℃ 까지 낮은 목표치가 요구되나, 각국이 제출한 목표치를 100% 이행해도 지구 평균온도가 2.7℃ 상승하게 되어 합의문에 제시된 2℃ 이하의 목표달성에는 미흡하다는 문제를 안고 있다[6]. 다만 파리 합의는 각국의 감축계획을 정기적으로 평가하여 상향조정해 나갈 수 있는 메커니즘을 포함하고 있어 이를 통해 2℃ 목표 달성에 활용할 수 있을 것이다.

우리나라는 이산화탄소 배출량이 2015년기준 전세계 12위, OECD 회원국 중에서는 6위[7], 2017년기준 무역규모는 세계 6위[8], 명목 GDP 순위는 11위[9]에 이르고 있다. 현재, 정부에서 에너지절약 정책을 시행하고 있는 것도 이와 같은 국제 기후협약과 무관하지 않으며, 우리나라도 친환경 및 에너지 절약형 구조로 전환하는 노력과 함께 온실가스 저감을 위한 첨단기술 개발과 실천적 노력이 절실한 상황이다.

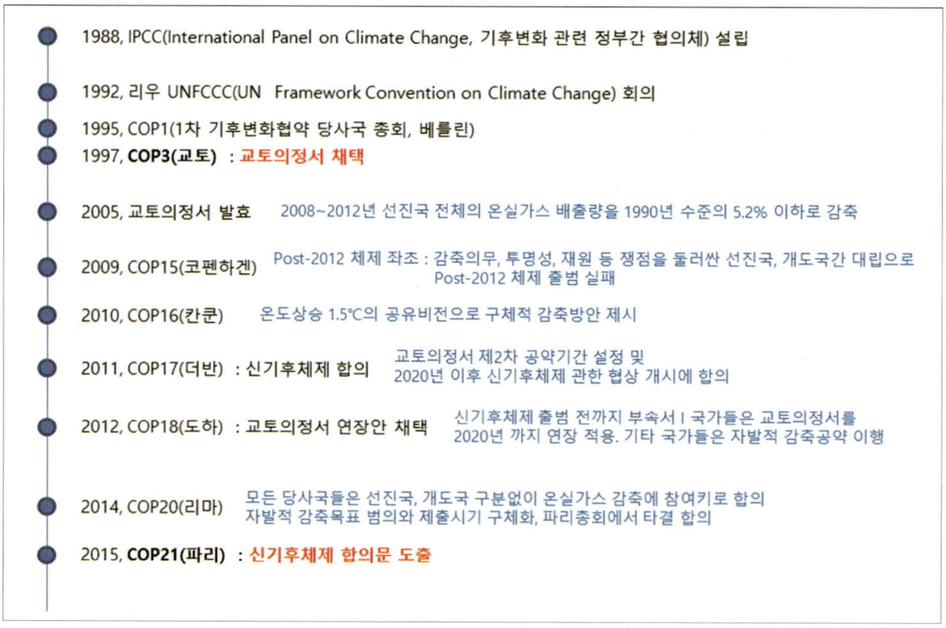


그림 1. 기후변화협약의 경과

## 1.2 왜 그린캠퍼스 추진이 필요한가

지금까지 지구온난화가 무엇이며 왜 위험한지, 그리고 이를 둔화시키기 위해 국제적으로 어떠한 논의들이 진행되고 있는지에 대해 소개하였다. 이를 바탕으로 이제 그린캠퍼스가 왜 지구온난화의 대응에 있어 꼭 필요한지에 대해 설명한다.

우리나라 정부에서도 기후변화 방지를 위한 국제사회의 실천내용을 국내에서도 실천하기 위한 정책을 추진하고 있어, 도시개발이나 건물분야, 생활전반에 확산되고 있다. 그러나, 국내 대학 캠퍼스에 잠시 주목해 보자.

대학 캠퍼스는 에너지 다소비 건물의 상위권을 독점할 정도로 에너지를 많이 사용하는 인공물로서, 2014년 에너지 총조사에 따르면 대학건물에서 사용하는 에너지는 대형건물 전체 소비량의 약 13.9%를 차지한다[10]. 생활·실천적 측면에서도 일반주거단지보다도 친환경 실천이 미흡하다. 이는, 쓰레기 분리수거, 전기, 수도 소비 등을 예로 든다면, 일반주거는 에너지 및 폐기물 등의 비용을 본인이 부담하지만 캠퍼스는 개인의 실천이 개인의 경제적 부담과 직접 관련이 없기 때문이기도 하다. 또한, 대학 캠퍼스 에너지 소비의 주요요인이 되는 대학건물들이나 시설설비들은 설치된 지 오래되어 에너지 절약적인 요소들이 도입되어 있지 않은 경우가 많은데, 이를 개선하기 위한 예산확보가 쉽지 않다. 대학 캠퍼스는 이렇게 에너지 다소비 시설임에도 불구하고, 사용자의 건강에 관련된 실내환경은 일반주거에 비해 열악하여, 에너지비용 대비 실내환경의 질은 좋지 않은 상황이다.

다행히 최근들어 그린캠퍼스 조성이라는 명목으로 캠퍼스 리모델링이 진행되는 추세이다. 그러나, 지금까지 캠퍼스 리모델링의 방향은 주차공간 지하화, 오픈스페이스 설치, 보행자 전용로 조성, 연못이나 분수 등의 수(水)공간 도입, 옥상정원 설치 등 외부공간의 녹화가 대부분으로, 이산화탄소 배출감소라는 본질적 목표에서 볼 때는 상당히 미약한 것이 현실이다. 태양광 패널 설치의 확대 정도만을 화석에너지 사용감소를 위해 추진하고 있고, 에너지를 적게 사용하면서 건강하고 쾌적한 환경조성이라는 측면은 거의 고려되지 않고 있는 상황이다. '그린캠퍼스'라는 용어가 아직 정확히 정의되지 않은 상황이기도 하지만 캠퍼스 녹화나 그린빌딩 혹은 에너지절약 정도가 그린캠퍼스의 전 범위가 아니기 때문에 이에 대한 체계적인 접근이 필요하다. 최근, 국공립학교 신축건물의 녹색건축 인증 취득이 의무화되면서 사립학교까지도 인증을 취득하는 사례를 접할 수 있으나, 캠퍼스의 건강성 확보나 이산화탄소 배출감소는 신축건물의 녹색건축 인증만으로 해결할 수 있는 것이 아니다. 따라서 기후협약에 따른 이산화탄소 배출감소라는 국가 당면과제에 동참하기 위해서나, 지구온난화 방지 및 구성원의 건강을 위해서도 에너지 다소비 커뮤니티인 캠퍼스를 진정한 의미의 그린캠퍼스로 변화시키는 것이 매우 절실하다.

한편, 대학 교육과정에 있는 대학생과 대학원생 등은 잠재적으로 향후 우리 사회의 정책 결정권자 또는 우리 사회에서 사용할 제품의 개발자이기도 하고, 그렇지 않더라도 정책입안자의 선거권자로서 올바른 정책을 펼칠 후보가 누구인지 판단할 수 있는 가치관을 가지도록 교육되어야 한다. 미래 사회가 지구온난화를 해결하고 건강하고 쾌적한 환경에서 삶을 영위하기 위해서는 현재 20-30대 대학생과 대학원생을 대상으로 한 친환경 교육이 매우 중요하다. 대학 캠퍼스는 이들을 위한 교육의 장으로써, 친환경 교육은 교과목을 통해서도 가능하지만, 그린캠퍼스 조성을 통해 직접 생활하고 사용하는 가운데 자연스럽게 교육되는 것이 매우 효과적이다.

또한, 캠퍼스는 도시의 축소판이다. 캠퍼스 내부에는 도시의 구성요소 즉, 도로 교통, 공원과 같은 녹화 및 수공간, 전기나 수도를 공급하고 홍수를 조절하는 도시 인프라, 근무하고 거주하는 건물, 물건을 구입하고 배출하는 과정에서 에너지를 소비하고 폐기물을 배출하는 시스템이 도시와 유사하다. 따라서, 캠퍼스는 미래 친환경 도시에 적용할 그린 시스템이나 친환경 설치물들을 연구단계에서 시범설치하고 그 효과를 검증할 수 있는 테스트베드 역할을 할 수 있다. 따라서, 그린캠퍼스로의 추진은 미래사회를 위한 교육과 연구를 위해 필요하며, 이는 실제 도시에 바로 적용하는 것보다 훨씬 효과적이다.

# 2. 그린캠퍼스란 무엇인가

그린캠퍼스라는 용어는 1990년 탈루와르 선언[6]으로부터 시작되었으나 서구에서는 현재 Green Campus라는 용어보다 Campus Sustainability라는 용어를 일반적으로 사용한다. 1990년대에 우리나라에서 'sustainability'라는 용어를 '지속가능성'으로 쓰기 시작한 이후, 현재는 '지속가능성'이란 용어를 매우 광범위한 개념으로 쓰고 있어, 이 책에서는 '그린캠퍼스'와 '친환경'이라는 용어를 사용하고자 한다.

저자는 그린캠퍼스 연구 초기[11]에 '그린캠퍼스'라는 키워드를 사용하여 10년(2005년~2014년)간 발표된 국내 연구를 검색하여, 이들 연구에서 정의한 그린캠퍼스의 개념을 수단, 과정, 목적으로 키워드를 추출하여 〈표 1〉을 작성하고, 이 자료에서 수단, 과정, 목적의 키워드를 묶어 물리적 측면과 사회적 측면으로 분류하여 〈표 2〉와 같이 정리하였다. 이에 따라 그린캠퍼스의 개념을 물리적 측면에서, 친환경 공간을 조성하고 신재생에너지를 이용하거나 에너지 관리를 실시하고 캠퍼스 물질순환을 실천함으로써, 온실가스 배출을 줄이며 에너지 절약형 캠퍼스를 조성하고 환경·에너지 등의 문제 해결을 통해, 지속적으로 발전하는 캠퍼스, 환경오염부하를 최소화하는 캠퍼스, 건강하고 쾌적한 환경을 유지하며 인간과 자연이 함께 성장하는 것을 목적으로 하고, 사회적 측면으로는 대학과 지역사회가 연계하여 실천적 운동 및 사회봉사와 교육, 연구 활동을 함으로써, 사용자 측면의 인식을 제고하며, 소통을 통해 지역사회와 대학의 발전을 상생 도모하는 것을 목적으로 정의한 바 있다.

6) 환경오염, 자원고갈, 온실가스 방출 등을 포함한 인류와 생물, 지구를 위협하는 환경적 변화를 우려하며 1990년 10월 세계 각국에서 모인 22명의 총장들이 프랑스 탈루와르(Talloires)의 터프스 유럽센터에 모여 서명한 환경적인 책임의 공약

이후, 거의 5년간의 연구진행결과, 그린캠퍼스란 환경에 주는 영향이 최소화된 캠퍼스로서, 이를 위해 환경과 구성원의 건강을 우선하는 대학운영, 구성원의 참여확산, 친환경에 대한 교육 및 연구를 통해, 오염물질배출이 최소화되고 자연환경이 보존되는 친환경교정으로 전환되도록 추진하는 활동으로 정의할 수 있다. 이 과정에서 참여확산과 교육 및 연구는 지역사회와 미래사회를 친환경적으로 전환하는 데에도 기여할 수 있다.

〈표 1〉 연구자별 그린캠퍼스의 개념

| 연구자 | 정의 | 키워드 추출 |
|---|---|---|
| 조기찬(2011) | 그린캠퍼스란 친환경 캠퍼스라는 의미로 재생에너지를 이용한 생산적인 캠퍼스와 에너지 사용을 최소화한 에너지절약형 캠퍼스로써 친환경공간을 조성함과 동시에 이를 통한 에너지 절약형 캠퍼스를 구현하며 캠퍼스의 성장성을 부여하여 지속적으로 발전하는 캠퍼스라는 의미이다. | • 목적: 지속적으로 발전하는 캠퍼스<br>• 과정: 에너지 절약형 캠퍼스<br>• 수단: 재생에너지 이용, 에너지 사용 최소화, 친환경 공간 조성 |
| 신은영, 김준하(2012) | 그린캠퍼스란 문자 그대로 대학 스스로의 에너지관리를 통해 온실가스 배출을 줄이고 깨끗한 환경을 만들어냄으로서 인간과 자연이 함께 성장해 나간다는 의미이다. | • 목적: 인간과 자연이 함께 성장<br>• 과정: 온실가스 배출 감소, 깨끗한 환경조성<br>• 수단: 에너지 관리 |
| 윤재성(2012) | 그린캠퍼스란 탄소배출저감 실천, 신재생에너지 및 녹색기술에 대한 연구, 환경관련 교육 확대, 녹색문화창달 기여 등의 노력을 통해 캠퍼스의 비환경적인 요인을 해결하여 캠퍼스 내 자연환경과 공생하고 에너지와 자원절약을 통하여 환경오염부하를 최소화하는 건축으로 정의하고 있다. | • 목적: 환경오염부하 최소화<br>• 과정: 자연환경과 공생, 에너지와 자원절약<br>• 수단: 탄소배출저감 실천, 신재생에너지 및 녹색기술에 대한 연구, 환경관련 교육 확대, 녹색문화창달 기여 |
| 김동현 외3인(2013) | 그린캠퍼스란 대학 내 건축물 또는 시설물의 신축, 리노베이션 등 가시적인 부문과 사용자 측면에서의 인식제고를 통한 자원 및 에너지 절감을 목표로 하며, 이를 위해 교육, 캠페인, 인센티브 제공, 동기부여, 지역사회연계와 같은 요소로 접목하는 것을 말한다. | • 목적: 자원 및 에너지 절감<br>• 과정: 사용자 측면의 인식제고<br>• 수단: 교육, 캠페인, 인센티브 제공, 동기부여, 지역사회연계 |
| 윤남식(2013) | 친환경 대학은 캠퍼스 주변 자연환경과의 친밀을 통해 건강하고 쾌적한 환경을 유지하는 것을 목적으로 캠퍼스 내에서 물과 폐기물 등의 물질들이 순환적으로 재활용되는 지속가능한 캠퍼스 환경을 유지하는 대학이라 정의할 수 있다. | • 목적: 건강하고 쾌적한 환경 유지<br>• 과정: 주변 자연환경과의 친밀<br>• 수단: 물질 순환, 재활용 |

| 연구자 | 정의 | 키워드 추출 |
|---|---|---|
| 윤용권(2013) | 그린캠퍼스는 대학 캠퍼스 내 친환경 건축물과 설비 등의 시설을 확충하는 측면에서 협의의 개념을 넘어, 포괄적인 캠퍼스 내 배출되는 온실가스 감축을 위한 지속가능한 발전의 교육과정 개발과 이에 대한 실천적 운동 등을 통해 지역사회와 소통하고 환경, 에너지 등 문제를 해결하는 미래지향적 대학의 방향이다. | • 목적: 온실가스 감축<br>• 과정: 지역사회와 소통, 환경, 에너지 등 문제를 해결<br>• 수단: 지속가능한 발전의 교육과정 개발, 실천적 운동 |
| 서동현(2014) | 그린캠퍼스의 개념은 환경, 에너지, 기후변화 문제와 관련지어 대학 캠퍼스 내에서 이루어지는 교육부분 및 연구활동과 사회봉사 부분으로서 지역사회와의 연계와 융합을 위한 요소로 지역사회와 대학 발전의 상생을 도모하고자 활동하고 있으며 대학생을 대상으로 친환경 행동 실천을 이뤄나가는 주요한 요소로 정의되고 있으며 대학을 하나의 소규모사회로 인식하여 온실가스배출량을 감축하고자 하는 관리요소로 인식되고 있다. | • 목적: 지역사회와 대학 발전 상생 도모<br>• 과정: 지역사회와의 연계와 융합, 대학생의 친환경 행동 실천, 온실가스배출량 감축<br>• 수단: 교육 및 연구 활동과 사회봉사 |

자료: 조기찬(2011). 지속가능한 캠퍼스 조성을 위한 요소별 특성 비교분석에 관한 연구: 그린캠퍼스 중심으로. 서울시립대학교 박사학위논문/ 신은영, 김준하(2012). 그린캠퍼스를 위한 국내외 대학시설관리 비교분석: 에너지관리 중심. 한국교육시설학회지, 19(1), 45-53. / 윤재성(2012). 대학 캠퍼스의 탄소제로화를 위한 건물 에너지절약 접근방법에 대한 연구. 한밭대학교 석사학위논문. / 김동현, 이현, 전강은, 김세용(2013). 그린캠퍼스 운영체계에 대한 사례연구: 미국 그린캠퍼스 지원기관 및 하버드대학을 중심으로. 한국교육시설학회지, 20(4), 11-22. / 윤남식(2013). 대학건물의 친환경 건축에 따른 에너지효율 최적화 방안 연구. 경희대학교 석사학위논문. / 윤용권(2013). 지속가능한 글로벌 그린 캠퍼스 조성계획에 관한 연구. 동국대학교 박사학위논문. / 서동현(2014). 대학의 그린캠퍼스 추진현황: 서울그린캠퍼스협의회. 대한설비공학회지, 43(1), 52-59.

〈표 2〉 그린캠퍼스 개념 종합

| 구분 | 수단 | 과정 | 목적 |
|---|---|---|---|
| 물리적 측면 | • 친환경 공간조성<br>• 재생에너지 이용<br>• 에너지관리<br>• 탄소배출저감 실천<br>• 물질순환 및 재활용 | • 에너지절약형 캠퍼스<br>• 에너지와 자원 절약<br>• 온실가스 배출감소<br>• 깨끗한 환경조성<br>• 자연환경과 공생<br>• 환경, 에너지 등 문제 해결 | • 지속적으로 발전하는 캠퍼스<br>• 환경오염부하 최소화 건축<br>• 온실가스감축<br>• 자원 및 에너지 절감<br>• 건강하고 쾌적한 환경 유지<br>• 인간과 자연이 함께 성장 |
| 사회적 측면 | • 지역사회 연계<br>• 녹색문화창달 기여<br>• 실천적 운동 및 사회봉사<br>• 환경관련 교육 및 연구 활동 | • 사용자 측면의 인식제고<br>• 지역사회와 소통<br>• 대학생의 친환경 실천 | • 지역사회와 대학의 발전과 상생 도모 |

# 3. 그린캠퍼스와 관련된 우리나라의 제도들[12]

## 3.1 그린캠퍼스 관련 법규 및 제도

대학의 에너지, 건축물, 환경 등 포괄적인 그린캠퍼스와 관련된 국내현황이 포함되도록 2017년 2월까지 국가법령정보센터에서 검색한 결과, 적용대상에 국공립 대학과 일부 제도에 사립대학이 해당되는 현행 법규 및 제도로는, 〈표 4〉와 같이 온실가스 감축목표와 에너지 절약목표를 설정하고 관리하기 위한 '온실가스·에너지 목표관리제', 에너지이용 효율화 추진과 신·재생에너지 설비 설치를 규정하는 '공공기관 에너지이용합리화', '에너지사용량신고', 건물의 에너지효율화를 위한 '녹색건축인증', '건축물 에너지효율등급 인증 및 제로에너지건축물 인증', 신·재생에너지 보급과 관련된 '신·재생에너지보급사업', 이 외에 구성원의 건강과 관련된 '건축물 석면안전관리제도' 등이 있었으나, 그린캠퍼스로의 추진을 규정하는 특정 제도는 없는 것으로 파악되었다.

### 1) 온실가스·에너지 목표관리제

온실가스·에너지 목표관리제는 「저탄소 녹색성장 기본법」(2017.07.26. 개정)에 따른 국가 중기 온실가스 감축목표(2030년까지 배출전망 대비 37% 저감)를 달성할 수 있도록, 온실가스 감축목표, 에너지 절약목표를 설정하고 관리하기 위한 제도이다. 「저탄소 녹색성장 기본법」 제42조, 「저탄소 녹색성장 기본법 시행령」(2017.07.26. 개정) 제26조, 제29-34조에 따라 온실가스 다배출, 에너지 다소비 업체 및 사업장을 대상으로 하는 온실가스·에너지 목표관리제와 공공부문을 대상으로 하는 공공부문 온실가스·에너지 목표관리제로 구분하여 운영하고 있다.

업체 및 사업장을 대상으로 하는 온실가스·에너지 목표관리제는 3년간 평균 온실가스 배출량 및 에너지 사용량이 기준이상인 업체 및 사업장[7)]을 관리업체로 지정하며, 지정기준은 거의 매년 강화되고 있다(표 3). 관리업체는 정부와 협의된 목표를 달성해야하며, 공공부문 온실가스·에너지 목표관리제와는 달리 목표 미이행시 패널티를 적용받게 된다. 2017년 9월 7일 관리업체 변경고시를 기준으로, 건물·교통·건설업부문의 목표관리업체는 107개이며, 그 중 대학은 6개로, 대학도 사업장 기준을 따른다.

온실가스·에너지 목표관리 운영 등에 관한 세부사항과 절차는 「온실가스·에너지 목표관리 운영 등에 관한 지침」(2016.12.30. 개정)에서 정하고 있다. 지정된 관리업체는 온실가스 배출량 등의 산정방법을 개발하여 활용하기 위해 배출활동의 개요, 보고대상 배출시설, 보고대상 온실가스, 배출량 산정방법론 등이 포함된 모니터링 계획을 제출하여야 한다. 또한 정부와 협의하여 온실가스 감축 및 에너지 절약목표를 설정·관리해야하며, 이에 따른 목표를 준수해야한다. 준수실적이 목표에 미달하는 경우 정부는 목표달성을 위해 필요한 개선을 명할 수 있으며, 관리업체는 개선명령에 따른 이행계획을 작성하여 이를 이행해야 하고 이행결과를 정부에 보고하고 공개해야 하는 의무를 가진다. 의무불이행시 법 제62조 규정에 따라 최대 1,000만원의 과태료가 부과된다.

〈표 3〉 온실가스·에너지 목표관리제 관리업체 지정기준

| 구분 | 2011.12.13까지 | | 2012.1.1부터 | | 2014.1.1부터 | |
|---|---|---|---|---|---|---|
| | 업체 기준 | 사업장 기준 | 업체 기준 | 사업장 기준 | 업체 기준 | 사업장 기준 |
| 온실가스 ($tCO_2$) | 125,000 | 25,000 | 87,500 | 20,000 | 50,000 | 15,000 |
| 에너지(TJ) | 500 | 100 | 350 | 90 | 200 | 80 |

출처 : 「온실가스·에너지 목표관리 운영 등에 관한 지침」 별표1, 별표2

7) 「온실가스·에너지 목표관리 운영 등에 관한 지침」 제8조 별표1, 별표2 에서 정하는 기준에 따라 국가 온실가스 배출량 및 에너지 소비량이 50,000$tCO_2eq$ 200TJ이상인 업체 및 15,000$tCO_2eq$ 80TJ이상인 사업장

### 2) 공공부문 온실가스·에너지 목표관리제

공공부문 온실가스·에너지 목표관리제는 「저탄소 녹색성장 기본법」 제42조제4항, 「저탄소 녹색성장 기본법 시행령」 제28조에 따라 공공부문의 에너지절약 및 온실가스 감축목표를 설정하도록 하고 그 이행사항을 지도·감독하는 것을 목적으로 운영되고 있다. 「저탄소 녹색성장 기본법 시행령」 제27조에서 목표관리대상 공공기관을 규정하고 있는데, 「고등교육법」 제3조에 따른 국립대학 및 공립대학이 목표관리대상에 포함된다.

공공부문 온실가스·에너지 목표관리 운영 등에 관한 세부사항은 「공공부문 온실가스·에너지 목표관리 운영 등에 관한 지침」(2015.12.30. 개정)에서 정하고 있다. 관리대상은 연차별 온실가스 감축 및 에너지 절약목표와 그 이행계획, 온실가스 배출량 및 에너지 사용량, 온실가스 배출시설 및 에너지 사용시설, 시설별 온실가스 배출량 및 에너지 사용량 등의 목표이행계획을 환경부 온실가스종합정보센터에 제출하여야 한다. 관리대상 중 온실가스배출량 또는 에너지사용량이 기준치를 초과한 기관은 온실가스·에너지 목표관리대상으로 이동되어 목표 미이행시 과태료 부과 등의 패널티를 적용받게 된다.

### 3) 공공기관 에너지이용합리화

「공공기관 에너지이용 합리화 추진에 관한 규정」(2017.01.20. 개정)은 「에너지이용 합리화법」(2016.12.02. 개정) 제8조 및 「에너지이용 합리화법 시행령」(2017.03.27. 개정) 제15조에 따라 국가, 지방자치단체 등에 의한 공공기관의 에너지의 효율적 이용과 온실가스의 배출저감을 위하여 공공기관이 추진하여야 하는 사항을 규정하고 있으며, 「고등교육법」 제3조에 따른 국립·공립 학교가 공공기관에 포함된다.

규정의 제3장 건축물부문에 따라, 국립·공립 학교는 신축건축물의 에너지이용 효율화 추진(건축물 에너지효율 등급 취득), 신·재생에너지 설비설치(의무설치, 신·재생에너지 설비 설치계획서 검토), 적정실내온도 준수(난방시 평균 18℃이하, 냉방시 평균 28℃이상) 등을 의무적으로 시행해야한다.

### 4) 에너지사용량신고

「에너지이용 합리화법」 제31조에 의거하여 에너지사용량이 대통령령으로 정하는 기준량 이상인 자는 에너지사용현황을 매년 1월 31일까지 에너지사용시설이 소재하는 지역을 관할하는 시·도지사에게 신고해야 한다.

에너지 다소비 사업자는 동법 시행령 제35조에 따라 연료·열 및 전력의 연간 사용량의 합계가 2,000toe 이상[8]인 자를 말한다. 2016년 기준 121개 학교가 신고대상에 포함되었으며, 일반 초·중·고등학교에서 사용하는 에너지사용량은 2,000toe보다 적기 때문에 121개 학교 모두 대학으로 추정된다.

신고내용에는 에너지사용현황, 절약동향, 에너지사용설비현황, 건물현황 및 제품별 에너지사용량 등이 포함되어 있다. 「에너지이용 합리화법」 제78조 제4항에 따라 신고를 하지 않거나 거짓으로 신고한 자에게는 300만원 이하의 과태료가 부과된다.

### 5) 녹색건축인증

녹색건축인증은 「녹색건축물 조성지원법」(2016.01.19. 개정) 제16조에 의해 지속가능한 개발의 실현과 자원절약형이고 자연친화적인 건축물의 건축을 유도하기 위한 제도로, 「녹색건축물 조성지원법 시행령」(2016.12.30. 개정) 제11조의3에 따라 국·공립대학 중 연면적이 3000㎡ 이상의 신축·재축 또는 증축하는 건축물은 녹색건축인증 대상건축물에 포함되어 녹색건축인증의 취득의무를 가진다.

「녹색건축 인증기준」(2016.06.17. 개정)의 인증심사기준은 시설별로 신축, 재축 등에 따른 다소의 차이가 있지만, 공통적으로 토지이용 및 교통, 에너지 및 환경오염, 재료 및 자원, 물순환 관리, 유지관리, 생태환경, 실내환경의 7개 부문이고, 「녹색건축 인증에 관한 규칙」(2016.06.13. 개정) 인증기준에 따라 최우수, 우수, 우량, 일반으로 인증된다.

8) 연간 에너지사용량 2,000toe는 공동주택 2000세대 규모 정도의 공동주택에서 사용하는 에너지소비량이다.

### 6) 건축물 에너지효율등급 인증 및 제로에너지건축물 인증

에너지절약계획서는 「녹색건축물 조성지원법」 제14조에 따라 건축물의 효율적인 에너지관리를 위하여 열손실방지, 에너지절약형 설비사용 등을 비롯하여 에너지절약 설계에 대한 의무사항 및 에너지성능지표를 규정하는 것을 목적으로 추진되며, 「녹색건축물 조성지원법 시행령」 제10조에 의해 연면적 500㎡ 이상 신축건물의 건축허가 신청시 에너지절약계획서를 제출하여야 한다.

건축물 에너지효율등급 인증은 「녹색건축물 조성지원법」 제17조 제6항에 따라 에너지성능이 높은 건축물을 확대하고 건축물의 효과적인 에너지관리를 목적으로 시행되며, 「녹색건축물 조성지원법 시행령」 제12조 제2항에 따라 건축물 에너지효율등급 인증 의무대상은 중앙행정기관, 지방차지단체, 공공기관 및 교육기관의 장이 소유 또는 관리하는 건축물, 신축·재축 또는 증축하는 건축물, 연면적이 3천제곱미터 이상, 에너지절약계획서 제출대상, 법 제17조 제5항 제1호에 따라 국토교통부와 산업통상자원부의 공동부령으로 정하는 건축물 모두에 해당되는 건축물로, 대부분의 대학이 의무대상에 포함된다. 건축물 에너지효율등급은 「건축물 에너지효율등급 인증 및 제로에너지건축물 인증에 관한 규칙」(2017.01.20. 개정) 제8조 인증기준에 따라 난방, 냉방, 급탕(給湯), 조명 및 환기 등에 대한 1차 에너지 소요량을 기준으로 평가되며, 1+++등급부터 7등급까지의 10개 등급으로 구분된다.

제로에너지건축물 인증은 「녹색건축물 조성지원법」 제17조에 따라 2017년 1월 20일부터 시행되어, 인증 의무화 대상은 2020년에 신축 공공건축물을 시작으로 2025년에는 신축 민간건축물까지 확대될 예정이다. 제로에너지건축물 인증은 건축물 에너지효율등급 인증대상 중 건축주가 제로에너지건축물 인증을 신청한 건축물이 받을 수 있으며, 인증을 획득하면 용적률, 채광창 높이기준 등 건축기준 완화(용적률·높이기준 15% 이내), 태양광, 지열 등 신재생에너지 설치보조금(설치비의 30~50%) 우선지원, 제로에너지건축물 인증 운영기관의 모니터링 등의 인센티브를 받을 수 있다.

### 7) 신·재생에너지보급사업(설치의무화)

신·재생에너지 설치의무화는 공공기관이 신축·증축 또는 개축하는 연면적 1,000㎡이상의 건축물에 대하여 예상에너지사용량의 공급의무비율 이상('17년, 21%)을 신재생에너지로 공급토록 의무화한 제도로, 「신에너지 및 재생에너지 개발·이용·보급 촉진법」(2017.03.21. 개정) 제12조 제2항에 근거하여 시행되고 있다.

설치의무화 대상기관 중 국가 및 지방자치단체에서 신축·증축 또는 개축하는 건축물의 용도 중 교육연구시설에 국공립대학이 포함되며, 법 제12조의6에 따르면, 공급의무자가 의무공급량에 부족하게 신·재생에너지를 이용하여 에너지를 공급한 경우에는 법 제12조7에서 정하는 범위에 따라 과징금이 부과될 수 있다.

### 8) 신·재생에너지보급사업(건물지원)

신·재생에너지보급사업은 「신에너지 및 재생에너지 개발, 이용, 보급 촉진법」 제27조에 따라 신·재생에너지 설비에 대하여 설치비의 일정부분을 정부에서 무상 보조·지원하는 사업으로, 태양광, 태양열, 지열, 연료전지 등의 설비 설치비용을 보조하고 있다.

지원대상은 주택, 국가·지방자치단체가 소유하는 건물·시설물, 설치의무화 적용건물을 제외한 모든 일반 건물로, 사립대학이 포함된다. 보조금 총 지원액은 해당건물 자체소비에 한하여 신청용량에 보조금 지원단가를 적용하여 지원하며, 지원범위는 태양광은 50㎾ 이하, 태양열은 1,500㎡ 이하, 지열은 1,000㎾ 이하다.

### 9) 건축물 석면안전관리제도

건축물 석면안전관리제도는 「석면안전관리법」(2016.05.29. 개정) 제21조, 제22조에 따라 공공건물, 학교, 다중이용시설 등에 사용된 석면건축자재 사용실태를 파악하고 건축물 석면지도 작성, 석면건축물 안전관리인 지정, 석면건축자재 평가 및 조치 등을 통해 석면피해를 사전에 예방하기 위한 제도이다.

건축물 석면조사 의무대상은 「석면안전관리법 시행령」(2017.02.28. 개정) 별표1의2에서 규정하고 있으며, 「고등교육법」 제2조에 따른 학교에 대학이 포함된다. 의무대상은 정해진 기한 내에 석면조사를 실시해야 하며, 건축물 석면조사 실시 후엔 결과에 따라 석면조사가 끝난 날로부터 1개월 이내에 그 결과를 관할 지자체로 제출하거나 석면관리종합정보망에 등록해야 한다. 석면조사 의무대상임에도 불구하고 석면조사를 실시하지 않을 경우 2천만원 이하의 과태료가 부과된다.

대학의 석면 유지·관리에 대한 내용은 「학교보건법」(2017.11.28. 개정)에서도 규정하고 있다. 「학교보건법」은 학교의 보건관리에 필요한 사항을 규정하여 학생과 교직원의 건강을 보호·증진함을 목적으로 하며, 「학교보건법」에서 학교란 「유아교육법」 제2조 제2호, 「초·중등교육법」 제2조 및 「고등교육법」 제2조에 따른 각 학교로, 대학은 적용대상에 포함된다.

법 제4조에 따라 학교의 장은 교내의 석면 등 예방 및 처리를 통해 공기질을 적절히 유지·관리하여야 하며, 제4조 제4항에 의해 점검결과가 교육부령으로 정하는 기준에 맞지 아니한 경우에는 시설의 보완 등 필요한 조치를 하고 이를 교육부장관 및 교육감에게 보고하여야 한다. 교사 안에서의 공기의 질에 대한 유지·관리기준은 「학교보건법 시행규칙」 별표4의2에서 규정하고 있으며, 석면의 유지기준 적용시설은 「석면안전관리법」 제22조 제1항에 따른 석면건축물에 해당하는 학교로, 석면건축물이란 석면건축자재가 사용된 면적의 합이 50제곱미터 이상인 건축물, 환경부령으로 정하는 석면건축자재를 사용한 건축물 중 하나에 해당하는 건축물을 말한다.

〈표 4〉 그린캠퍼스 관련 법규 및 제도

<table>
<tr><th colspan="2">구분</th><th colspan="2">법적근거 및 관련규정</th><th colspan="2">개요</th><th>대상</th></tr>
<tr><td rowspan="2">온실가스·에너지목표관리제[1]</td><td>다소비사업장</td><td rowspan="2">「저탄소 녹색 성장 기본법」 제42조</td><td>동법 시행령 제26조, 제29-34조, 「온실가스·에너지 목표관리 운영 등에 관한 지침」</td><td rowspan="2">• 온실가스 감축목표, 에너지 절약목표를 설정하고 관리하기 위한 제도</td><td>• 관리업체는 모니터링 계획을 제출하고 감축목표를 설정하고 이행계획 작성하여 이행해야 하며, 미이행시 과태료가 부과됨</td><td>• 온실가스 배출량 및 에너지 소비량이 50,000tCO₂eq 200TJ 이상인 업체 및 15,000tCO₂eq 80TJ 이상인 사업장이 관리업체에 해당됨<br>→ 에너지 소비량이 큰 대학(국공립, 사립 전체)이 지정될 수 있음</td></tr>
<tr><td>공공부문</td><td>동법 시행령 제27조, 제28조, 「공공부문 온실가스·에너지 목표관리 운영 등에 관한 지침」</td><td>• 관리대상 중 온실가스 배출량 또는 에너지 사용량이 기준치를 초과한 기관은 위의 관리업체로 이동되며, 목표 미이행시 과태료가 부과됨</td><td>• 공공부문 관리대상에 국공립대학이 포함됨</td></tr>
</table>

| 구분 | 법적근거 및 관련규정 | | 개요 | 대상 |
|---|---|---|---|---|
| 공공기관 에너지 이용 합리화[2] | 「에너지 이용 합리화법」 | 제8조, 「공공기관 에너지이용 합리화 추진에 관한 규정」 | • 공공기관의 에너지의 효율적 이용과 온실가스의 배출 저감을 위하여 추진하여야 하는 사항을 규정<br>• 신축건축물의 에너지이용 효율화 추진(건축물 에너지효율등급 취득), 신·재생에너지 설비 설치(의무설치, 신·재생에너지 설비 설치계획서 검토), 적정실내온도 준수(난방시 평균 18℃이하, 냉방시 평균 28℃이상) 등을 의무적으로 시행해야 함 | • 「고등교육법」제3조에 따른 국공립 학교가 의무대상에 포함됨 |
| 에너지 사용량 신고[3] | | 제31조, 제78조 제4항, 동법 시행령 제35조 | • 에너지사용량이 대통령령으로 정하는 기준량 이상인 자는 에너지사용현황을 매년 1월 31일까지 에너지사용시설이 소재하는 지역을 관할하는 시·도지사에게 신고<br>• 신고대상은 에너지사용현황, 절약동향, 에너지사용설비현황, 건물현황 및 제품별 에너지사용량 등을 신고해야 함<br>• 신고를 하지 않거나 거짓으로 신고한 자에게는 300만원 이하의 과태료가 부과됨 | • 연료·열 및 전력의 연간 사용량의 합계가 2,000toe 이상인 자<br>→ 2016년에 121개 학교(대학 포함)가 신고대상에 포함됨[4] |
| 녹색건축 인증[5] | 「녹색 건축물 조성 지원법」 | 제16조, 「녹색건축 인증에 관한 규칙」, 「녹색건축 인증기준」 | • 학교시설은 비주거용 건축물의 신축, 기존, 그린리모델링 인증심사기준에 포함됨 | • 국·공립대학 중 연면적이 3000㎡ 이상의 신축·재축 또는 증축하는 건축물은 녹색건축인증 취득의무를 가짐 |
| 건축물 에너지효율 등급 인증 및 제로에너지건축물 인증[6] | | 제17조, 「건축물 에너지효율등급 인증 및 제로에너지 건축물 인증에 관한 규칙」, 「건축물 에너지효율등급 인증 및 제로에너지 건축물 인증기준」 | • 건축물 에너지효율등급 인증은 에너지성능이 높은 건축물을 확대하고, 건축물의 효과적인 에너지관리를 목적으로 시행<br>• 주거용 건물과 주거용 이외의 건물의 해당 기준에 따라 1+++등급부터 7등급까지의 10개 등급으로 구분 | • 중앙행정기관, 지방차지 단체, 공공기관 및 교육기관의 장이 소유 또는 관리하는 건축물, 신축·재축 또는 증축하는 건축물, 연면적 3천제곱미터 이상, 에너지 절약계획서 제출 대상, 법 제17조제5항제1호에 따라 국토교통부와 산업통상자원부의 공동부령으로 정하는 건축물 모두에 해당되는 건축물<br>→ 대부분의 대학이 의무대상에 포함됨 |

| 구분 | | 법적근거 및 관련규정 | | 개요 | 대상 |
|---|---|---|---|---|---|
| | | | | • 제로에너지건축물 인증:2017년 1월 20일부터 시행<br>• 인증 취득 시 건축기준 완화(용적률·높이기준 15% 이내), 신재생에너지 설치보조금(설치비 30~50%) 우선 지원, 모니터링 등 인센티브를 받음 | • 인증 의무화 대상은 2020년에 신축 공공건축물을 시작으로 2025년에는 신축 민간건축물까지 확대될 예정 |
| 신·재생에너지보급사업[7] | 설치의무화 | 「신 에너지 및 재생 에너지 개발·이용·보급 촉진법」 | 제12조 제2항 및 동법 시행령 제15조 | • 해당 건축물 예상에너지사용량의 공급의무비율 이상('17년, 21%)을 신재생에너지로 공급토록 의무화한 제도<br>• 의무공급량에 부족한 경우, 법 제12조7에서 정하는 범위에 따라 과징금이 부과될 수 있음 | • 공공기관이 신축·증축 또는 개축하는 연면적 1,000㎡이상의 건축물<br>→ 국공립대학이 포함됨 |
| | 건물지원 | | 제27조 | • 신·재생에너지 설비(태양광, 태양열, 지열, 연료전지 등)에 대하여 설치비의 일정부분을 정부에서 무상 보조·지원하는 사업 | • 국가·지방자치단체가 소유하는 건물·시설물, 설치의무화 적용건물을 제외한 모든 일반 건물<br>→ 사립대학이 포함됨 |
| | ※ 신·재생에너지 보급사업(주택지원), 태양광 대여사업 등 제도가 있으나, 일반주택이 지원대상으로 대학은 제외됨 | | | | |
| 건축물 석면안전 관리제도[8] | | 「석면안전관리법」 제21조, 제22조, 「학교보건법」 제4조 | | • 의무대상은 정해진 기한 내에 석면조사를 실시해야 하며, 결과를 제출해야 함<br>• 실시하지 않을 경우 2천만원 이하의 과태료가 부과됨 | • 「석면안전관리법」 석면조사 의무대상과 「학교보건법」적용 대상에 대학이 포함됨 |

1) 한국환경공단 홈페이지. 주요사업. 온실가스감축정책지원.
http://www.keco.or.kr/kr/business/climate/contentsid/1516/index.do (자료검색일 2017.02.06.).

2) 한국에너지공단 홈페이지. 에너지효율향상. 공공기관 에너지이용합리화
http://www.energy.or.kr/web/kem_home_new/ener_efficiency/building_05.asp (자료검색일 2016.12.29.).

3) 한국에너지공단 에너지사용량신고 홈페이지.
http://netis.kemco.or.kr/EngyUseRpt/HomeMain/HomeMain.aspx (자료검색일 2017.10.30.).

4) 한국에너지공단. 2016년도 에너지사용량 통계. 2016, p.15.

5) 국토교통부. 「녹색건축물 조성지원법 시행령」. (2016.12.30. 개정, 2017.01.20. 시행)
국토교통부. 「녹색건축 인증기준」. (2016.06.17. 개정, 2016.09.01. 시행)

6) 제로에너지건축물 홈페이지. http://zeb.energy.or.kr/report/pds_view.aspx?no=25&page=5 (자료검색일 2017.01.03.).

7) 한국에너지공단 신·재생에너지센터 홈페이지. http://www.knrec.or.kr/knrec/index.asp (자료검색일 2017.01.30.).

8) 환경부 석면관리 종합정보망 홈페이지. 정보망소개. 석면건축물관리.
https://asbestos.me.go.kr/user/ba/astBdngMgrPage.do (자료검색일 2017.10.30.).

## 3.2 그린캠퍼스 관련 단체

그린캠퍼스 관련 단체로는, 한국그린캠퍼스협의회, 서울그린캠퍼스협의회, 경기그린캠퍼스협의회, 부산그린캠퍼스협의회, 충북그린캠퍼스협의회, 저탄소그린캠퍼스총장협의회, 지속가능발전협의회 등이 설립되어 있다(표 5).

### 1) 한국그린캠퍼스협의회

한국그린캠퍼스협의회는 2008년 11월에 창립되어, 국내소재 대학이 기관회원으로 가입가능하며 2017년 2월 기준으로 총 51개의 캠퍼스가 가입하였다. 협의회에서는 그린캠퍼스 장기 비전 연구, 그린캠퍼스 확산을 위한 기반조성, 대학의 에너지 사용과 온실가스 배출저감을 위한 실천 프로그램 개발, 녹색인재 양성 프로그램 개발, 그린캠퍼스 확산을 위한 협력망 구축과 운영을 추진하고 있다. 또한 캠퍼스 환경개선, 교과과정 개편, 교내환경 평가, 신재생에너지 및 녹색기술 관련 공동연구, 지역사회와 연계한 사업 등을 추진하고 있다. 회원학교별로 그린캠퍼스 추진위원회를 구성하여 그린캠퍼스 운동을 체계적으로 추진하도록 하며, 그린캠퍼스와 관련된 자료를 배포하여 그린캠퍼스 활동을 실천할 수 있도록 지원하고 있다. 지역별로는 서울그린캠퍼스협의회, 경기그린캠퍼스협의회, 부산그린캠퍼스협의회, 충북그린캠퍼스협의회가 운영되고 있다.

### 2) 저탄소그린캠퍼스총장협의회

2011년에는 환경부 '그린캠퍼스 조성지원사업'에 선정된 40개 대학의 총장으로 구성된 저탄소그린캠퍼스총장협의회가 출범되어, 국내 대학의 그린캠퍼스 조성 분위기 확산을 위한 협력, 그린캠퍼스 조성사업 활성화를 위한 발전방안 마련, 저탄소 그린캠퍼스 선정 대학간 우수사례 공유, 기타 협의회의 목적에 필요하다고 인정되는 활동을 추진하고 있다.

### 3) 지속가능발전협의회

지속가능발전협의회는 지속가능한 발전과 환경보전에 관련된 개인 및 단체로 구성되어 있는 지속가능발전추진기구이며, 지역별로 조직되어 2017년 기준으로 230개의 협의회가 운영되고 있다. 2000년에 지역별 협의회나 단체 또는 지방자치단체가 회원이 되는 전국지속가능발전협의회가 창립되었으며, 그린캠퍼스와 관련해서는 그린캠퍼스 조성지원사업의 정책포럼, 평가기준 개발 및 활용방안 연구보고회, 광역별 그린캠퍼스 구축을 위한 실무자 회의 등을 진행하고 있다.

〈표 5〉 그린캠퍼스 관련 단체

| 구분 | 개요 | 구성 |
|---|---|---|
| 한국그린캠퍼스 협의회[1] | • 그린캠퍼스 장기 비전 연구, 그린캠퍼스 확산을 위한 기반 조성, 대학의 에너지 사용과 온실가스 배출 저감을 위한 실천 프로그램 개발, 녹색인재 양성 프로그램 개발, 그린캠퍼스 확산을 위한 협력망 구축과 운영을 추진<br>• 2017년 2월 기준, 총 51개의 캠퍼스 가입<br>• 지역별로 서울, 경기, 부산, 충북그린캠퍼스협의회 운영 | • 국내 소재 대학교는 기관회원으로 가입가능 |
| 저탄소그린 캠퍼스총장 협의회[2] | • 국내 대학의 그린캠퍼스 조성 분위기 확산을 위한 협력, 그린캠퍼스 조성사업 활성화를 위한 발전방안 마련, 저탄소 그린캠퍼스 선정 대학간 우수사례 공유, 기타 협의회의 목적에 필요하다고 인정되는 활동 등을 추진 | • 환경부 그린캠퍼스 조성지원사업에 선정된 40개 대학의 총장으로 구성되어 있음 |
| 지속가능발전 협의회[3] | • 지역별로 230개의 지속가능발전추진기구가 조직되어 있음<br>• 지역별 협의회가 회원이 되는 전국지속가능발전협의회 창립<br>• 그린캠퍼스 선정심사, 그린캠퍼스 연차평가, 그린캠퍼스 평가회의, 그린캠퍼스 정책포럼, 그린캠퍼스 평가기준 개발 및 활용방안 연구보고회, 광역별 그린캠퍼스 구축을 위한 실무자 회의 등을 진행 | • 지속가능한 발전, 환경보전 관련 개인 및 단체로 구성되어 있음 |

1) 한국그린캠퍼스협의회 홈페이지. http://www.kagci.org/subpage.php?p=m12 (자료검색일 2017.01.16.).
2) 환경부 그린캠퍼스 홈페이지. https://www.gihoo.or.kr/greencampus/index.do (자료검색일 2017.02.12.).
3) 전국지속가능발전협의회 홈페이지. http://www.sdkorea.org/ (자료검색일 2017.12.28.).

## 3.3 그린캠퍼스 지원사업

대학의 그린캠퍼스 추진을 지원하는 사업으로는, 환경부 그린캠퍼스 조성지원사업, 서울시 그린캠퍼스 조성사업, 경기도 그린캠퍼스 인프라 개선사업 등이 진행되고 있다(표 6).

### 1) 환경부 그린캠퍼스 조성지원사업

그린캠퍼스 조성지원사업은 온실가스 다량 발생원 중의 하나인 대학이 온실가스를 감축하고 지속가능 성장을 선도할 인재를 양성할 수 있도록, 환경부와 한국환경공단이 「저탄소 그린캠퍼스 운영에 관한 지침」에 따라 2011년부터 시행한 사업이다.

국내 소재 「고등교육법」 제2조의 규정에 의한 모든 대학(기 선정대학은 대상에서 제외)은 그린캠퍼스 신청이 가능하며, 그에 따른 지원대상은 평가위원회 의결에 따라 환경부 장관이 선정한다. 그린캠퍼스 선정 대학은 대학별로 3년간 총 1억 2천만원의 예산지원을 받으며, 대학 온실가스 인벤토리 구축 및 감축 기술지원을 받는다. 2011년부터 2016년까지 40개 대학이 그린캠퍼스로 선정되었으며, 환경부 그린캠퍼스 홈페이지에 선정된 대학의 간략한 그린캠퍼스 추진현황을 소개하고 있다.

### 2) 서울시 그린캠퍼스 조성사업

서울시는 2013년부터 '에너지절약실천 지원사업'을 진행하고 있으며, 이 사업의 5개 분야 중 하나로, 그린캠퍼스 조성사업을 진행하고 있다. 「고등교육법」 제2조의 규정에 따른 서울시 소재 대학(기 선정대학 포함)이 신청 가능하며 그린캠퍼스 조성사업에 선정될 경우 대학별로 4천만원 이내로 지원받을 수 있다.

필수사업 항목은 대학 네트워크를 통해 대학 에너지절감 시너지효과를 낼 수 있는 프로그램, 대학구성원 대상 교육강좌·홍보 프로그램 운영 등, 대학 인근지역과 연계한 교육 및 절약·효율화 프로그램 운영, 에너지절약 체험관, 절전소 설치 및 운영 등, 대학구성원이 에너지절약을 직접 실천할 수 있는 참여 프로그램 운영으로, 필수사업 중 1개 이상을 선택해야 하며, 선택사업으로는 대학 내 에너지 절약문화가 확산될 수 있는 아이디어 사업이 있다.

### 3) 경기도 그린캠퍼스 인프라 개선사업

경기도에서는 「경기도 환경기본 조례」에 따라 2016년에 '경기도 그린캠퍼스 인프라 개선사업'을 진행하여 건물에너지관리시스템(BEMS) 도입, 건물에너지 효율개선을 위한 설비(장비) 교체 또는 구축 등을 지원하고 있다.

이 사업은 경기도 내 저탄소 그린캠퍼스를 선도적으로 조성해 나갈 의지가 있는 대학을 선정하여, 인프라(설비) 개선지원을 통해 체계적이고 효율적인 에너지 감축방안을 마련하고 대학 온실가스 인벤토리 구축 및 경기도 그린캠퍼스 인증제 추진기반을 마련하기 위한 사업이다. 경기도 내에 위치한 「고등교육법」 제2조에 따른 모든 대학은 신청가능하며 대학별 1억5천만원까지 지원받을 수 있다.

〈표 6〉 그린캠퍼스 지원사업

<table>
<tr><th>구분</th><th>법적근거 및<br>관련규정</th><th>개요</th><th colspan="2">대상</th></tr>
<tr><td>환경부[1]</td><td>「저탄소 그린 캠퍼스 운영에 관한 지침」</td><td>• 환경부와 한국환경공단에서 그린캠퍼스 선정 및 지원을 하는 사업<br>• 대학별로 3년간 총 1억 2천만원의 예산지원</td><td rowspan="3">• 「고등교육법」 제2조의 규정에 의한 모든 대학이 신청 가능함</td><td>• 전국 모든 대학<br>• 기존 선정대학은 대상에서 제외됨</td></tr>
<tr><td>서울시[2]</td><td>「에너지절약 실천지원사업 집행지침」</td><td>• 서울시에서 ‘에너지절약실천 지원사업’의 5개 분야 중 하나로, 그린캠퍼스 조성사업을 진행<br>• 선정시 대학별로 4천만원 이내로 지원</td><td>• 서울시 소재 대학<br>• 기존 선정대학도 신청 가능함</td></tr>
<tr><td>경기도[3]</td><td>「경기도 환경 기본 조례」</td><td>• 건물에너지관리시스템(BEMS) 도입, 건물에너지 효율개선을 위한 설비(장비) 교체 또는 구축 등 지원<br>• 대학별 최대 1억5천만원까지 지원받을 수 있음</td><td>• 경기도 소재 대학</td></tr>
</table>

1) 환경부 그린캠퍼스 홈페이지. 한국환경공단 보도자료.
http://www.greencampus.or.kr/index.action (자료검색일 2017.02.17.).

2) 서울시 2017년 에너지절약 실천지원 사업 공모 공고.
http://spp.seoul.go.kr/main/news/news_notice.jsp#view/9531?tr_code=snews (자료검색일 2017.02.17.).

3) 경기도그린캠퍼스협의회 홈페이지. 그린캠퍼스 인프라 개선사업 공고.
http://greencampus.ggag21.or.kr/bbs/board.php?bo_table=sub3_1&wr_id=87&page (자료검색일 2017.12.28.).

# 4. 선진 그린캠퍼스 해외조사

앞서, 왜 그린캠퍼스 추진이 필요한가 하는 것과 그린캠퍼스의 개념, 그린캠퍼스와 관련된 현행제도를 살펴보았다. 저자는 바람직한 그린캠퍼스 추진내용을 모색하기 위해 해외선진사례를 현지조사하고 분석하여 벤치마킹할 수 있는 항목들을 추출하거나 추진요소의 목록화를 위한 연구를 진행하였고, 이들 캠퍼스의 추진내용을 2부에 소개하고자 한다. 본 장에서는 왜 해당 사례들을 조사대상으로 선정하게 되었는지, 무엇을 어떻게 조사하였는지 소개한다.

## 4.1 미국 포틀랜드주립대학교 (Portland State University; PSU)[13]

### 1) 선정이유

포틀랜드주립대학교(이하 PSU)는 미국 오리건주 포틀랜드시에 위치해 있으며, 오리건주와 포틀랜드시는 미국 내에서도 친환경 정책으로 잘 알려져 있다. PSU 역시 오리건주와 포틀랜드시의 영향을 받아 친환경을 모토로 다양한 그린캠퍼스 프로그램을 실천하면서 친환경 캠퍼스로 인정받고 있다.

오리건주는 미국 내에서 친환경적인 주로 잘 알려져 있으며, 다양한 친환경 정책을 수립하고 실천하고 있다. 2004년 주정부 The Oregon Department of Transportation(ODOT)에서 Sustainability Plan을 수립하여 친환경 업무를 공식적으로 시작하였으며, 2008년에 개정되어좀 더 포괄적으로 진행하고 있으며, 진행 보고서를 공개하고 있다. 친환경 업무는 총 7가지 범주로 구분되어 실천되고 있는데, Healthy and Safety, Social Responsibility/Workforce Well-Being and Development, Environmental Stewardship, Land Use and Infrastructure, Energy/Fuel Use and Climate Change, Material Resource Flows, Economic Health로 나뉘어 각각의 목표와 계획을 수립하고 있다. 오리건주는 2014년 ACEEE(American Council for an Energy-Efficient Economy)의 State Energy Efficiency Scorecard에서 51개의 주 중에서 종합결과 3위를 차지했으며, 오리건주는 USGBC(U.S. Green Building Council )가 선정한 The Top 10 States in Nation for LEED의 6위에 선정되기도 했다.

포틀랜드시도 오리건주와 마찬가지로 다양한 친환경 정책을 실천하고 있다. The Portland Bureau of Planning Sustainability (BPS)에서 포틀랜드시의 거주성을 향상시키고, 환경을 보존하기 위한 계획을 세우고 실천한다. 포틀랜드시는 2011년 EPA(Environmental Protection Agency; 미국환경보호국)에서 주관하는 Green Power Leadership Award에서 탄소 배출 감소를 위한 친환경 에너지 계획을 실천한 결과로 상을 받기도 했다. 또한 2014 City Climate Leadership Awards에서 Portland Plan Healthy connected City Strategy에 의해 10개 도시에 선정되었다. 이처럼 포틀랜드시에서는 다양한 정책을 수립하고 실천하고 있으며, 그 결과로 다양한 분야에서 인정을 받고 있다.

오리건주와 포틀랜드시의 친환경 정책은 해당지역 대학 캠퍼스에도 많은 영향을 미치고 있다. 그 중 다운타운에 위치한 PSU는 '친환경'을 모토로 그린캠퍼스와 관련된 다양한 프로그램을 시행하여 친환경부문 성과를 보이고 있다. PSU는 2014년에 Energy Conserving Colleges in Campus Conservation Nationals에서 상위10개 대학교에 선정되었고, 총장이 American College and University Presidents' Climate Commitment (ACUPCC: 미대학총장기후협의회)의 의장으로 취임하였다. 미국 내 일반적인 대학 캠퍼스는 대도시에서 거리를 두고 대학타운을 형성하고 있는 것과는 달리 PSU는 오리건주에서 가장 큰 도시인 포틀랜드시의 다운타운에 위치하여, 국내 대학의 일반적인 여건과 유사한 점이 있어, 벤치마킹 가능한 요인을 가지고 있기 때문에 조사대상으로의 의의가 있다고 판단하였다.

### 2) 조사내용 및 방법

PSU의 그린캠퍼스 추진내용을 파악하기 위해 문헌 및 인터넷 조사, 연구회의, 현장조사 등을 진행하였다. PSU에서 발행한 추진 보고서들과 웹사이트를 통해 파악하고, 여기에서 알 수 없는 내용들은 2014년 11월부터 2015년 2월까지 본부 담당자와의 연구회의, 현장조사를 통해 파악하였다.

PSU의 그린캠퍼스 추진조직은 크게, 친환경연구소(ISS: Institiue for Sustainable Solutions)와 대학본부의 그린캠퍼스 담당부서(CSO: Campus Sustainability Office), 지속가능리더쉽센터(SLC: Sustainability Leadership Center)로 구성되는데, 그린캠퍼스 담당부서의 직원들과 지속가능리더쉽센터의 직원과 연구회의를 하였다.

PSU의 그린캠퍼스 내용은 크게 정책(예산 및 조직 포함)과 추진범주로 구분되며, 추진범주는 물리적 환경을 변화시키는 측면(에너지, 물, 기후행동, 그린빌딩, 폐기물감소 및 재활용, 식품, 교통, 토지이용)과 실천적 측면(친환경구매, 교육 및 학생활동)으로 구분되었다. 물리적 측면에 대해서는 사진촬영을 포함한 현장조사를 하였다. 캠퍼스 내 모든 친환경 설치물과 그린빌딩인증 건물을 현장방문하여 실제 적용상태를 파악하였으며, 현장방문에 승인이 필요한 시설의 경우 담당자와 사전약속을 통해 방문면접을 진행하였으며, 그 외 현장조사시 사용자와 대화가 가능한 경우 관련내용에 대해 인터뷰하였다. 그린빌딩인증 건물을 포함한 거의 모든 기숙사를 방문하여 건축적 측면 뿐 아니라 방문당시 기숙사에 거주하는 학생들과 대화 가능한 경우 지속가능한 생활실천에 관해 간략히 인터뷰하였다.

## 4.2 독일 베를린자유대학교 (Freie Universität Berlin; FU)[14]

### 1) 선정이유

독일은 다양한 친환경 정책을 수립하고 실천하고 있는 국가로 전 세계적으로 알려져 있다. 독일은 기후변화협약과 관련된 국제적 움직임이 구체화되기 이전인 1980년대 말경부터 이미 온실가스 감축목표를 구체적으로 수립하고 환경과 에너지부문에 대한 광범위한 대책을 마련하기 시작하였다. 도시와 건축 측면에서는, 80년대 후반에 이미 생태적 도시건축을 위한 기본원칙을 수립하고, 각 주별로 그와 관련된 시범사업들을 시행하여 왔다. 이러한 결과에 따라 90년대부터는 건설국에서 친환경 추진계획에 따른 시행조항들이 입법화되어 실시되고 있다. 1991년 준공된 최초의 패시브하우스는 독일의 일반주거 대비 약 90%의 에너지를 절감하는 것으로 나타났고, 잔존하는 건축물을 쾌적하게 리모델링하여 입주 가능하도록 연방정부와 주정부는 건물 리모델링에 있어서 에너지절약 및 $CO_2$ 배출절감이라는 정책적인 지원원칙을 세우고 다양한 프로그램을 개발하였다. 독일 정부의 건물 리모델링에 대한 핵심목표는 친환경 건축의 통합컨셉을 설정하여 건축물의 에너지 소비를 최대한 개선시키고, $CO_2$ 배출량을 최소화하는데 있다. 이처럼 독일은 다른 유럽국가에 비해 일찍부터 정부차원에서 친환경 정책을 시행하여 친환경 부문에서 선도하는 위치에 있다.

친환경 정책이 앞서있는 독일을 현지조사 대상국가로 선정한 후, 조사대상 대학을 선정하기 위한 자료검색을 진행하였다. 그러나, 독일의 친환경 정책 및 추진상황에 대해 알려진 바와는 달리, 대학교의 웹사이트에는 그린캠퍼스 관련 내용이 거의 없거나 있어도 아주 간략한 정도였다. 그런데, 베를린자유대학교(이하 FU)의 웹사이트에는 친환경·에너지 담당부서(Sustainability and Energy Management Unit)가 있었고, 2000년 초반부터 시작해서 현재까지 지속적으로 온실가스 배출량 및 에너지사용량 감소를 위한 노력의 내용이 다양하게 제시되어 있었다. 이에, FU의 개요를 살펴본 결과, 독일의 수도 베를린에 위치한 공립 종합대학교로서, 영국 주간지 'Times Higher Education' 평가 세계 대학순위 100위권 내에 선정되고 있으며, 독일의 명문 9개 대학을 지칭하는 독일 아이비리그(German Ivy League)에 포함되어 있는 규모있는 대학임이 확인되어, FU가 선진사례 조사대상으로 적합하다고 판단하였다.

### 2) 조사내용 및 방법

FU의 그린캠퍼스 추진내용을 파악하기 위해 문헌 및 인터넷 조사와 해외현지조사를 수행하였다. 독일의 건물에너지 관련제도 및 그린캠퍼스 관련제도와 국내·외 선행연구를 고찰하고, 현지조사 전에 FU의 웹사이트에 제시된 그린캠퍼스 추진내용에 대해 스터디하였다. 여기에서 알 수 없는 내용들은 본부 담당자와의 연구회의를 포함한 해외현지조사를 통해 파악하였다.

FU의 친환경·에너지 담당부서에 현지조사 수락요청, 연구미팅 날짜 협의, 자료 요청 이메일을 여러 차례 주고받았다. 연구출장은 2016년 1월 19일~28일이었다. 1월 21일의 연구회의는 FU의 그린캠퍼스 추진 목표 및 계획에 대해 부서 책임자의 발표를 청취한 후 질의응답 및 토론으로 진행되었으며, 발표자료 및 빌딩프로필 관련 자료를 제공받았다. 연구회의 후에는 출입제한 시설을 포함한 주요시설로서 태양광패널이 설치된 옥상, 어문학도서관(Berlin brain; 노먼 포스터 설계), Silberlaube(강의연구동) 건물개조사례, ZEDAT(데이터센터)의 에너지소비 개선사례 등을 방문하여 설명을 들었다. 1월 22일 오전에는 국제처 직원의 안내로 캠퍼스투어를 진행하였다.

현장조사는 FU의 그린캠퍼스 추진내용을 확인할 수 있는 요소들을 관찰 및 사진촬영 하였으며 사용자가 있는 경우 질의응답을 하였다. FU는 크게 3개의 캠퍼스로 구성되어 있는데, 이 3개의 캠퍼스를 전체적으로 파악하였으며, 홈페이지에 소개된 빌딩프로필(에너지 측면에서 개선 및 개조 사례) 15개와 그린코너 11개를 모두 방문 관찰하였다.

## 4.3 핀란드 알토대학교 (Aalto University; Aalto)[15]

### 1) 선정이유

북유럽 국가들은 비교적 환경보호에 대한 인식이 높은 것으로 알려져 있다. 스웨덴, 덴마크, 노르웨이, 핀란드, 아이슬란드의 북유럽 대학들은 북유럽 그린캠퍼스 네트워크(Nordic Sustainable Campus Network, NSCN)[19)]를 2012년에 설립하여 북유럽 고등교육기관의 친환경(Sustainability)을 향상하고 지식을 관리 및 배포하여 북유럽 대학 내 친환경관련 활동들을 지원하고 있다. 국제 그린캠퍼스 네트워크(International Sustainable Campus Network, ISCN)[18)] 등 세계적 네트워크에서의 북유럽의 존재를 강화하고 그린캠퍼스 우수사례 공유를 목표로 노력하고 있다. 목표의 일환으로 교육 및 연구에 친환경(Sustainability)을 강화하고 대학의 모든 운영에 친환경을 목표로 그린캠퍼스 활동을 지원하고 있다.

이에 본 연구에서는 북유럽 국가의 대학교 웹사이트를 검색하여 그린캠퍼스 관련 내용이 풍부하고 그린캠퍼스 계획 및 추진이 잘 이루어지고 있다고 판단되며 그린캠퍼스 전담부서가 있는 대학들에 방문조사 협조요청 이메일을 발송하여, 그 중 알토대학교(이하 Aalto)로부터 협조가능 답장을 받았다.

Aalto를 조사대상으로 확정하기 위해 웹사이트 자료를 자세히 검토하였다. 알토대학교는 2010년에 헬싱키경제대학(Toolo campus), 헬싱키공대(Otaniemi campus), 헬싱키 아트&디자인대학(Arabia campus)이 통합되어 설립되었다. 통합 후 주 캠퍼스는 에스포시의 오따니에미 캠퍼스로 에스포시는 핀란드 제2의 도시이며 헬싱키와 동일 생활권이다. 알토대학교는 2030년에 에너지 자립캠퍼스를 위한 로드맵을 계획하고 이를 추진하기 위해 다각적인 활동을 하고 있었다. 또한, 학교 웹사이트에서 방대한 그린캠퍼스 추진내용을 확인할 수 있었으며, 매년 작성된 ISCN 보고서 등 그린캠퍼스에 대한 계획 및 실적 보고서가 다수 링크되어 있어, 선진사례 조사대상으로 적합하다고 판단되었다.

Aalto가 위치해있는 핀란드에 대해서도 더 조사한 결과, 북유럽 국가 중에서도 핀란드는 1990년 당시 $CO_2$배출량에 있어서 전 세계 배출량의 0.3%밖에 차지하지 않았음에도 불구하고 세계에서 가장 먼저 탄소세를 도입하였다. 탄소세는 환경보호를 위해 이산화탄소 등의 배출을 억제하도록 하는 직접적인 세제로, 이후 1997년 탄소함유량만을 기준으로 한 100% 탄소세로 세제개편 하였고 1998년에는 에너지환경세 및 법인이윤세를 추가하여 과세기준을 확대하였다. 핀란드는 탄소세 및 환경세를 도입한 후 지속적으로 세제를 개편했고, 2004년부터는 에너지세를 기본세로 하여 에너지세의 부가세 형태로 탄소세를 운영하고 있다. 또한, 핀란드의 수도 헬싱키는 2050년까지 탄소중립 실현을 목표로, 자가용을 이용하는 것보다 더 저렴하고 편리한 교통서비스 시스템 구축을 2016년 시작하였다. 이 서비스는 교통 통합정보망과 연결되어있는 전용 어플리케이션을 통해 도시 내에서 목적지까지 최적의 경로를 안내받을 수 있도록 한다. 이 서비스가 성공적으로 정착된다면 자가용을 이용하지 않고 대중교통만을 이용함으로써 더 저렴하고 자유로운 이동성을 보장받을 뿐 아니라 온실가스배출 저감에도 기여할 것으로 전망된다.

따라서 핀란드의 친환경 정책, Aalto 웹사이트의 그린캠퍼스 관련내용, 전담부서의 연구 협조의사 등으로 볼 때 조사대상으로 적합하다고 판단하였다.

### 2) 조사내용 및 방법

Aalto 역시 문헌 및 인터넷 조사와 해외현지조사를 수행하였다. 현지조사 전에 Aalto에서 작성한 보고서들과 웹사이트 내용에서 그린캠퍼스 추진내용을 스터디 하였다. 여기에서 알 수 없는 내용들은 그린캠퍼스 담당자부서와의 연구회의를 포함한 해외현지조사를 통해 파악하였다.

Aalto 웹사이트에 소개되어 있는 그린캠퍼스 전담 핵심부서인 'Energy Efficiency Team'에 현지조사 수락요청, 연구미팅 날짜 협의, 자료요청 등의 이메일을 여러 차례 주고 받았다.

해외연구출장은 2016년 8월 17~26일이었다. 2016년 8월 23일의 연구회의에서는 알토대학교 'Energy Efficiency Team'의 사업개발팀장과 서비스 디자이너로부터 그린캠퍼스 추진 내용 및 목표에 대한 발표를 청취하고, 본 연구진이 사전에 Aalto 그린캠퍼스 추진내용을 스터디하여 정리한 자료를 가지고 질의응답 및 토론하였다. 연구회의 후에는 출입제한시설을 포함한 주요시설 즉 디자인개발 및 시제품 제작 동(Design factory), 태양광패널 설치 옥상(Solar farm), 지열설비 굴착현장(ST1), 에너지 관련 스터디를 위한 자유활용공간(Energy Garage) 등을 견학하였다.

현장조사는 Aalto의 그린캠퍼스 추진내용을 확인할 수 있는 요소들을 방문관찰 및 사진촬영 하였으며, 사용자가 있는 경우 질의응답을 하기도 하였다. Aalto의 웹사이트에 그린리모델링 추진사례로 소개된 14개 빌딩들과 진료소, 생물다양성을 위한 녹지, 캠퍼스 내 습지, 기숙사, 체육센터, 재활용센터, 전기차 충전소, 자전거 보관소, 빗물처리시설 등 오따니에미 캠퍼스 전체를 관찰 및 사진촬영 하였다.

## 4.4 호주 멜버른대학교 (University of Melbourne; UoM)[16]

### 1) 선정이유

앞에 소개한 바와 같이 미국, 독일, 핀란드의 대학교를 현지조사 하였으므로, 4번째 조사대상은 미국과 유럽 이외의 대륙을 대상으로 하는 것이 타당하다고 생각하였다. 또한, 지금까지 진행된 그린캠퍼스 추진특성에 대한 선행연구에서 호주를 대상으로 한 연구는 거의 없어 호주를 조사국가로 선정하였다.

호주는 2007년에 교토의정서에 서명을 하였고, 향후 2050년까지 온실가스 배출량 60% 감축을 목표로 하고 있으며 2020년까지 신재생에너지 비율을 20%까지 확대함으로서 저탄소 경제로의 구조개편과 기후변화에 대응하기 위한 의지를 천명한 바 있다. 호주정부의 환경 및 에너지부서는 환경, 물, 문화유산을 보존하며 기후행동을 촉진하고 경제적인 에너지를 제공하기 위한 정책과 프로그램을 시행하고 있다. 이에 유럽, 미국 등과 또 다른 개념의 친환경 정책을 추진하고 있는 호주를 조사대상지로 확정하였다.

강력한 환경보호 정책을 추진하고 있는 호주의 대학교를 검색하여, 학교 웹사이트에 그린캠퍼스 관련 내용이 풍부하며 그린캠퍼스 전담부서가 있는 대학 중 멜버른대학교(이하 UoM)로부터 현지조사 수락 이메일을 받고 UoM을 조사대상으로 확정하기 위한 검토를 하였다. UoM은 멜버른시의 중심지역에 위치한 Parkville캠퍼스를 포함해서, 7개의 캠퍼스(Southbank, Burnley, Creswick, Dookie, Werribee, Shepparton)가 있으며 2017년도 QS World University Rankings에서 42위, 2012년도 Excellence in Research for Australia (ERA) Rankings에서 1위를 한 명문대학교임을 확인하였다. UoM은 그린캠퍼스 공식웹사이트를 따로 운영하고 있었고 그린캠퍼스의 추진내용과 친환경 보고서들을 공개하고 있었다. 또한 국제 그린캠퍼스 네트워크(ISCN)의 회원이며 'Sustainability Plan 2017-2020'을 수립하여 다각적인 범주로 그린캠퍼스를 추진하고 있어 그린캠퍼스 추진내용 파악을 위한 조사대상으로 적합하다고 판단하였다.

### 2) 조사내용 및 방법

현지조사 전에 UoM에서 작성한 보고서들과 웹사이트 내용에서 그린캠퍼스 추진내용을 스터디 하여, 그린캠퍼스 추진내용을 작성하고, 현지조사를 통해 반드시 확인해야 할 친환경 시설, 그린캠퍼스 추진요소, 연구회의시 질문 또는 토론이 필요한 사항 등을 표시하여 현지조사를 위한 자료를 작성하였다. 이를 UoM 그린캠퍼스 담당부서에 본 연구진과의 회의준비를 위한 참고자료로 발송하였다.

그린캠퍼스 담당부서와 현지조사 수락요청, 현지조사스케줄 협의, 회의자료 발송을 하였으며, 현지조사 후에는 추가질문 및 내용을 확인하는 이메일을 교환했다.

해외연구출장은 2017년 8월 15~24일이었다. 2017년 8월 17일과 23일에는 그린캠퍼스 담당부서의 직원 또는 관리자의 동행으로 출입제한시설을 포함한 투어를 하고 Sustainability Advocates Forum, Fair Trade Market 등 친환경관련 행사에 참여하였다.

2017년 8월 18일과 21일에는 연구팀 자체적으로 현장조사를 진행하였다. 현지조사 전에 준비한 회의자료에 따라 UoM의 그린캠퍼스 추진내용을 확인할 수 있는 요소들을 방문관찰 및 사진촬영 하였으며, 사용자가 있는 경우 질의응답을 하였다.

2017년 8월 22일의 연구회의에서는 UoM의 그린캠퍼스 분야별 담당자인 학교본부 친환경책임자(Associate Director of Sustainability), 캠퍼스서비스본부의 책임자(Director of Campus Services), 그린캠퍼스 디자인 매니저(Manager of Sustainable Campus Design), 친환경 서비스 매니저(Sustainability & Environmental Services Manager), 폐기물최소화 및 생물다양성 코디네이터(Waste Minimisation Coordinator & Biodiversity Coordinator), 자원회복 코디네이터(Resource Recovery Coordinator), 기반서비스 오피스 직원(Staff of Infrastructure Services Office), 동물생명공학센터의 Beekeeping(양봉) 책임교수로부터 그린캠퍼스 추진내용에 대한 브리핑을 듣고, 회의자료를 가지고 질의응답 및 토론을 하였다.

2부

# 선진 그린캠퍼스에서는 무엇을 하고 있나

앞서 소개한 해외선진사례 조사결과, 이들 대학교에서 추진하고 있는 내용은 유사한 점들이 많으나, 다양한 추진요소들을 각 학교마다 조직화하고 목록화한 내용 즉, 추진요소들을 구분하기 위한 묶음인 추진범주의 묶음에 다소의 차이가 있었다.

저자는 조사대상의 다소의 차이가 있는 추진범주 묶음을 더욱 대범주로 묶어 다음과 같이 구분하여 소개하고자 한다 : (1)대학 경영진의 의지와 행정 및 그린캠퍼스 추진의 목표를 포함하는 추진총괄, (2)화석에너지, 물, 폐기물을 감소하고 자연을 회복하는 물리적인 캠퍼스의 친환경화, (3)대학 본연의 임무인 연구와 교육에 있어서 그린캠퍼스를 위한 연구와 미래세대의 의사결정자인 학생을 대상으로 한 친환경 교육, (4)전체 구성원의 실천과 네트워크화

# 1. 추진총괄

조사대상들은 공통적으로 그린캠퍼스 계획에서 다음과 같은 가치와 원칙을 추구하고 있다 : (1)네트워킹, 교육, 연구, 실천과 행사 범주에서 사회적 책임감과 친환경 사회를 추구하는 것, (2)에너지, 캠퍼스 종합계획, 교통, 건물, 구매 범주에서는 소비와 배출의 데이터화를 통해, 에너지 효율을 향상시키며 이산화탄소·폐기물·폐수의 배출을 감축시키는 것, (3)그린캠퍼스의 추진에는 대학구성원의 정신적, 신체적 건강 증진을 우선하는 것.

## 1.1 행정

### 1) 그린캠퍼스 장기계획수립 및 친환경우선정책

저자가 조사한 선진사례에서 우리나라와 가장 크게 차이가 있는 부분은 바로, 대학 전략에 있어서 친환경을 최우선으로 유지하고 있는 것과 그린캠퍼스 장기계획과 투자전략을 수립하여 학생, 교수, 교직원 등 모든 구성원이 협력하여 프로젝트를 진행하고 있다는 점이다. 이는 조직과 예산으로 이어진다.

PSU의 그린캠퍼스 추진 연혁을 살펴보면, 1969년 재활용 프로그램을 시작으로 1973년에는 미국 최초로 다학제 환경과학 박사과정을 개설하였으며 2001년에는 학교예산으로 최초의 sustainability coordinator를 채용하였다. 2002년 그린캠퍼스 전담부서를 설립하였고 2003년에는 신축 및 리모델링 건물에 LEED인증의무 정책을 시작하였다. 2005년에는 친환경졸업인증제를 시작하였고, 친환경지지선언을 하였다. LEED인증 건물들이 완공되기 시작하였으며, Reuse room 운영시작, 친환경행사들을 시작하였다. 2008년에 그린캠퍼스 기금을 확보하기 시작하였고, 2009년에 그린캠퍼스 교육담당부서를 설립하였으며, 2010년에 친환경연구소를 설립하였고 기후행동을 계획하였다. 2011년에 Electric Avenue(전기차충전거리)가 설치되었으며, 2014년에 Green Revolving Fund를 설립하고 그린캠퍼스 조성을 위해 지속적으로 노력하고 있다.

PSU는 예산자문위원회, 빌딩위원회, 기후행동계획위원회에서 총장의 최종 의사결정을 자문하기도 한다. 이것을 가능하게 하는 바탕은 그린캠퍼스의 각 추진범주별로 연구에 의한 장기계획이 수립되어 있다는 점이다. 총장의 의사결정에 필요한 각 분야의 연구가 수행되고 있으며 총장은 이러한 연구결과를 바탕으로 각종 위원회의 자문을 받아 의사결정을 진행한다.

그린캠퍼스 추진은 행정(Administration), 에너지(Energy), 물(Water), 기후행동(Climate Action), 그린빌딩(Green Building), 친환경구매(Green Purchasing), 폐기물감축과 재활용(Waste Reduction & Recycling), 식품서비스(Food & Dining Services), 교통(Transportation), 토지이용(Land Use), 실천(Actions), 교육과 학생활동(Education & Student activities)의 총 12범주로 구분하여, 각 추진범주별로 빗물관리계획, 에너지감축가이드, 기후행동계획, 그린빌딩 기술표준, 연간폐기물보고서, 교통계획, 해충방지계획 등이 수립되어 있다.

FU는 2000년 초반부터 시작해서 현재까지 지속적으로 온실가스 배출량 및 에너지소비량을 줄이기 위해 노력하고 있다. 2001년에 에너지관리를 시작하였고 2003년 기술부서에서 최초로 에너지효율프로그램을 시행하였다. 2007년에는 에너지절약 인센티브제도를 수립하였고 바로 다음해에 태양광발전시스템을 설치하기 시작하였다. 2013년에 열병합발전소를 설치하였고 2014년도에는 온라인 에너지모니터링을 도입하였다.

그린캠퍼스 추진은 연구, 교육, 캠퍼스 관리 세 분야에서 총체적으로 접근하고 있으며, 학문 내·학제간의 협력과 참여기회를 강화하고, 공공·지역사회와 연계하여 지속적으로 개선을 추진하고 있다. 행정(Administration), 네트워킹(Networking), 에너지(Energy), 빌딩프로필(Building profiles), 그린코너(Green corners), 물관리(Water management), 폐기물 관리(Waste management), 교육과 활동(Teaching & Activities), 건강과 안전(Health and Safety), 교통(Transportation)의 총 10개 범주로 추진되고 있다. 이중 건물에너지를 포함한 에너지 범주에 집중된 추진전략에 의해 실제 에너지 비용감소와 $CO_2$ 발생 감소량을 구체적으로 제시하고 있다.

Aalto는 사회적 책임감과 친환경을 대학의 모든 활동에서의 가치와 전략으로 표방하며, 그린캠퍼스 추진을 위해 그린캠퍼스 전담부서(Sustainability Office)를 두고 이 부서 내의 에너지효율팀을 중심으로 그린캠퍼스 추진을 위한 장기계획을 수립하고 알토대학교 자산관리회사(Aalto University Properties. Ltd)와 함께 에너지자립캠퍼스 프로젝트를 추진하고 있다. 알토대학교 투자자산의 약 96%가 환경적, 사회적, 행정적 요소가 포함된 친환경원칙을 준수하고 외부자산관리자들에 의해 관리를 받고 있다.

그린캠퍼스 추진은 행정(Administration), 네트워킹(Networking), 교육(Education), 연구(Researches), 에너지(Energy), 캠퍼스 종합계획(Campus wide planning), 교통(Transportation), 건물(Buildings), 구매(Procurement), 폐기물과 재활용(Waste & Recycling), 식품과 건강(Food & Health), 실천과 행사(Practice & Events)의 12개 범주로 구성된다.

UoM은 2016년에 발표한 친환경헌장과 '친환경계획 2017-2020(Sustainability Plan 2017-2020)'을 기반으로 행정(Governance), 에너지와 탄소배출(Energy & Emissions), 물관리(Water), 폐기물과 재활용(Waste & Recycling), 교통(Travel & Transport), 생물다양성(Biodiversity), 건물과 커뮤니티(Sustainable Buildings & Communities), 기후대응과 생태복원(Climate Adaptation & Resilience), 상품과 서비스(Goods

& Services), 연구(Research), 교육(Teaching & Learning), 참여(Engagement), 투자(Investments), 네트워킹(Reporting & Networking commitments)의 총 14개 범주로 그린캠퍼스를 추진 중에 있다.

투자 범주의 목표는 2021년까지 친환경 체제에 따른 투자 포트폴리오를 완성하는 것이며, 이를 위해 2017년까지 친환경투자 체제(투자대상의 이산화탄소배출량 감축계획 등에 대한 평가, 신재생에너지의 투자 등)를 개발하였다.

## 2) 전담부서와 예산

조사대상들에는 그린캠퍼스를 위한 기획, 관리, 유지를 담당하고 있는 부서와 전담직원이 있으며, 그린캠퍼스 추진예산이 공식적으로 편성되어 있다. 전담부서는 이 책의 2부에 소개하고 있는 그린캠퍼스의 내용을 총괄추진한다. 그린캠퍼스 추진은 어느 한 부서의 일이 아니라 학교 전체의 모든 조직이 다같이 참여해야하는 일이므로, 전담부서는 학교전체의 조직을 총괄할 수 있는 위치에 있다. 그림2는 UoM의 조직도이지만, 나머지 조사대상도 유사한 상황이다.

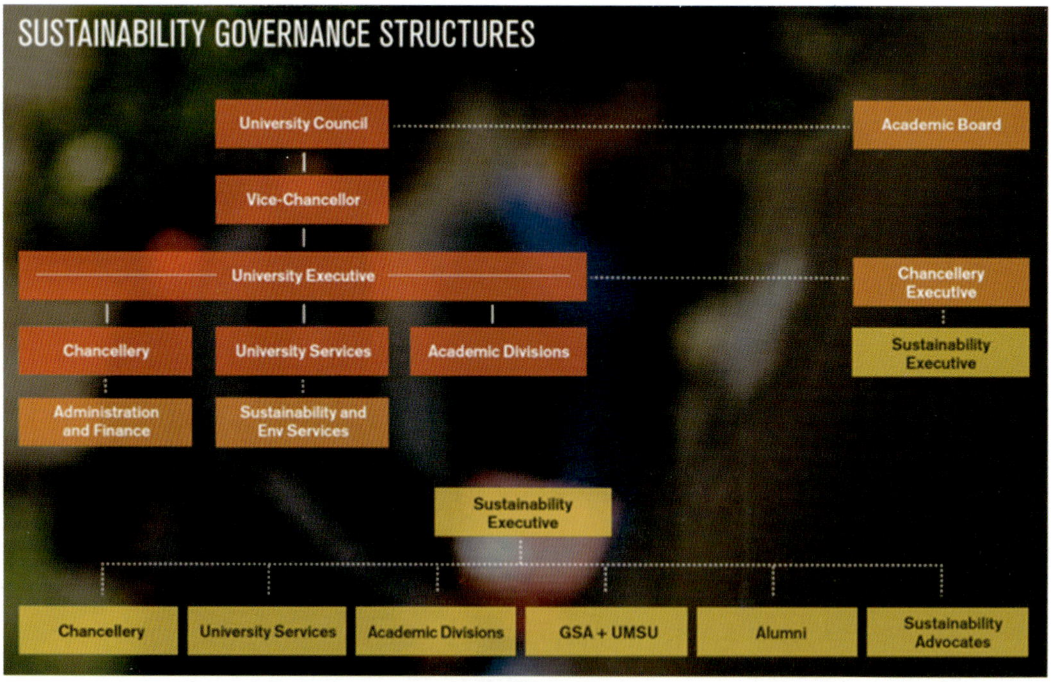


그림 2. UoM 그린캠퍼스 행정조직도 (출처 : UoM Sustainability plan 2017-2020 p.8)
그린캠퍼스 전담부서가 대학 경영진의 직속 조직으로 학교 전체의 그린캠퍼스 추진을 총괄하고 있음

PSU의 그린캠퍼스 추진조직은 연구소(Institute for Sustainable Solutions), 그린캠퍼스 전담부서(Campus Sustainability Office), 그린캠퍼스 교육담당부서(Sustainability Leadership Center)로서, ISS는 그린캠퍼스와 관련된 연구를 수행하고, 교과과정을 개발하며, 지역사회와 연계하여 다양한 프로그램을 진행한다. CSO는 본부 행정조직으로서, 국내 대학에서의 사무국과 유사한 Finance and Administration 하부의 Campus Planning & Sustainability 내의 단위부서로 그린캠퍼스를 담당하고 있는 주요 조직이다. SLC는 본부 학생입학처 산하 조직으로 친환경과 관련된 학생활동과 리더쉽 프로그램, 공동 교과를 운영하고 있다. 이 외에, green team이 있는데, 그린팀 멤버는 본인의 부서에서 그린캠퍼스의 목표를 달성하기 위한 친환경 활동을 지원한다. 녹색 소비, 에너지 보존 방법, 통근, 폐기물 감축, 재활용 등을 중점적으로 진행하고 있다.

PSU에서는 그린 리볼빙 펀드(Green revolving fund)를 조성하여 건물을 리노베이션 하고 이 건물에서 절약된 에너지 비용으로 원금을 갚아 나가는 펀드를 운용하고 있다. 실제로는 에너지손실이 큰 건물부터 순차적으로 리노베이션 하면서, 이 건물에서 절약된 에너지 비용을 다음 건물의 리노베이션 비용에 포함시키는 방식으로 추진 중이다. 이는 모든 건물을 동시에 공평하게 지원해야한다는 개념에서 벗어나, 에너지 손실이 큰 건물부터 순차적으로 해결한다는 장기적 플랜에 대한 구성원의 동의가 필요하다는 점에서 우리에게 시사하는 바가 크다.

FU의 그린캠퍼스 추진을 담당하는 행정조직으로는 2001년, 본부 기술부서 내에 에너지 책임자를 임명하였으며, 2005년에 기술부서에서 독립된 '에너지환경부서'를 설립하였다. 2015년에는 '그린캠퍼스 및 에너지 관리부서'가 독립되어 부총장급 경영진의 직속조직으로 승격되었으며, 이부서의 장은 학교 이사회에 속한다. '그린캠퍼스 및 에너지 관리부서'는 대학의 친환경 역량과 활동을 가시화하고 교육, 연구, 지역연계, 캠퍼스 관리에서 그린캠퍼스 활동을 연결하고 있다. 5~14명의 교수들로 구성된 11개 학과의 환경팀과 3~5명으로 구성된 몇 개의 조사평가팀은 '그린캠퍼스 및 에너지 관리부서'에 의해 관리되고 빌딩검사와 평가를 수행하고 있다. 그린캠퍼스 관련 팀들의 커뮤니케이션 과정에서의 총괄을 위해 IT관련 직원, 관리원, 교수, 운영자, 연구원, '그린캠퍼스 및 에너지 관리 부서'가 정기적으로 미팅하며 에너지사용량을 평가하고 있다.

Aalto의 그린캠퍼스 전담부서(Sustainability Office)는 부총장 직속조직인 친환경 및 시설부서(Sustainability, Campus & Facility Service) 내의 조직인데, 전담부서 내의 에너지효율팀을 중심으로 에너지자립캠퍼스 프로젝트를 추진하고 있다. '친환경 및 시설부서'는 40명 정도의 직원이 근무중이며, 이 부서 내에 건축가 3명과 인테리어디자이너 2명이 근무함으로써 그린캠퍼스 추진 뿐 아니라 디자인 측면에서도 차별되는 생기있는 캠퍼스를 구현하고 있다. 전담부서는 그린캠퍼스와 관련된 파일럿 연구, 서베이 등을 주도하고 이들 결과와 기업연구, 석·박사논문 등의 결과를 그린캠퍼스 추진에 적용가능한가 하는 것들도 검토한다.

또한 그린캠퍼스를 위한 학술분야 스탭이 운영되고 있는데, 친환경관련분야를 전공하는 정년트랙의 교직원과 친환경연구를 수행하는 연구인력이 참여하고 있다. 연구윤리위원회를 조직하고, '친환경 및 책임감 업무팀'을 구성하여 대학의 다양한 측면에서의 친환경성을 증진하고 있다.

UoM의 그린캠퍼스 행정조직으로는 대학의 그린캠퍼스 추진의 최고 책임자인 총장관할의 그린캠퍼스 부문 행정·재정 담당관(The Chancellery Administration and Finance)이 있으며, 그린캠퍼스 경영진(Sustainability Executive)은 친환경 부문의 리더 역할을 하고 있고, 그린캠퍼스 추진의 실무를 담당하는 그린캠퍼스 전담부서(Sustainability team)가 운영되고 있다. 그린캠퍼스 관련 위원회를 운영하고 있으며, 그린캠퍼스 부문의 경영진과 캠퍼스구성원 간의 네트워크 연계성을 강화하기 위해 노력하고 있다. 친환경에 대한 구성원의 문제 제기, 데이터 모니터링과 수집을 위한 메커니즘을 실행하고 있다.

### 3) 그린캠퍼스 추진내용 공개 및 홍보

조사대상 모두 그린캠퍼스 추진내용을 홈페이지에 매우 상세히 공개, 홍보하고 있다. 저자가 현지조사하는 과정에서도 요청하는 자료를 모두 제공할 뿐 아니라 질문에 자세히 설명하고 제한구역까지도 보여주었다. 지구온난화 방지를 위한 친환경전략은 어느 한 지역, 어느 한 나라에서 추진해서 되는 것이 아니라 전세계적으로 강력히 추진해야만 하는 것이므로 모든자료를 공개하고 협조한다는 것이며, 추진협력 네트워크를 중요하게 생각하고 있다. 국제그린캠퍼스네트워크(ISCN; International Sustainable Campus Network)는 회원교에 추진내용에 대한 보고서 제출을 권장하고 있는데, 조사대상 학교들은 추진내용 보고서를 ISCN에 제출하고 있고 홈페이지에도 공개하고 있다.

구성원의 친환경 인식 및 실천 제고를 위해 그린캠퍼스 또는 친환경정보를 제공하는 페이스북 페이지를 운영하고, 구성원에게 뉴스레터를 이메일로 발송한다. 또한, 각 행정부서나 단과대학 행정실, 학과사무실 등에서 각 부서의 그린캠퍼스 추진내용에 대한 홍보물을 게시하고 있다(그림 3).

조사대상들은 건물의 친환경요소 등에 대한 설명을 부착하고 건물에서 생산되는 에너지양에 대한 정보를 제공하고 있다(그림 4~5). PSU는 그린빌딩에는 그 건물의 그린빌딩요소에 대한 설명문을 부착하고, 친환경 설치물이 있는 곳에는 그 기능에 대한 설명문을 부착하거나 모형을 만들어 전시하고 있다(그림 6~8). 또한, 기숙사에는 친환경세탁요령을 부착하는 등 친환경 실천에 도움이 되는 안내문도 부착하고 있다(그림 9). Aalto의 대학 IT서비스부서에서는 원격업무가 가능한 도구를 개발했으며, 종이소비 최소화방법, 전자제품 사용법, 가전제품 재활용 등의 에너지 절약방법과 관련된 상담 서비스를 제공하고 있다. UoM은 그린캠퍼스 센터(Campus Sustainability Center)를 운영하여 구성원에게 친환경관련정보를 제공하고 있다(그림 10~13).

그림 3. PSU 복도의 홍보물
행정부서에서 공개 및 홍보를 위해 그린캠퍼스 추진내용을 복도에 부착한 모습

그림 4. FU의 난방 파이프 설명표시

그림 5. FU의 태양광발전량과 $CO_2$배출량 전광판

그림 6. PSU LEED인증빌딩 복도에 부착된 그린빌딩요소에 대한 소개문(브로드웨이 기숙사)

그림 7. PSU 브로드웨이 기숙사에 설치되어 있는
그 건물 에코루프의 식물모형

그림 8. PSU 그린빌딩에 부착되어 있는
그 건물의 친환경성에 대한 설명

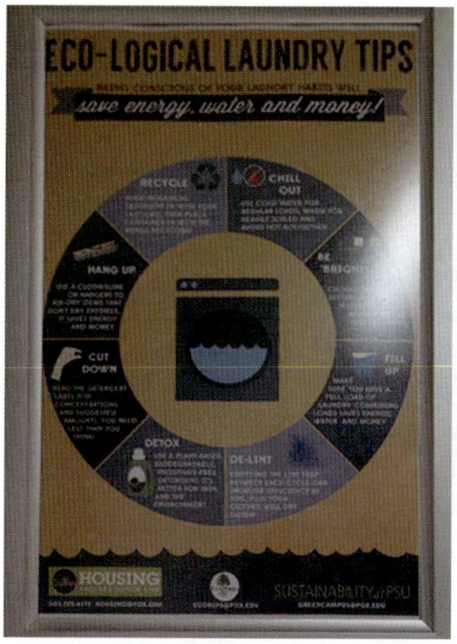


그림 9. PSU 기숙사 세탁실에 부착된
친환경 세탁요령

그림 10. UoM의 그린캠퍼스 센터
그린캠퍼스 전담부서의 오피스와는 별도장소이며,
친환경 관련정보를 제공한다.

그림 11. UoM 그린캠퍼스 센터의 친환경정보 허브

그림 12. UoM 그린캠퍼스 센터 외부에 설치된 루프가든모델

그림 13. UoM 그린캠퍼스 센터 외부에 설치된 지열발전 교육용 시스템

PSU와 UoM은 그린캠퍼스 추진내용 공개, 학교 홍보 등의 일환으로 sustainability tour program을 운영하고 있다. 두 학교의 홈페이지에서 투어 관련정보나 맵(그림 14)을 확인하고 어느 누구나 운영하는 날짜와 시간에 투어를 신청할 수 있고, 투어시간에 참여하면 관계자의 설명과 안내로 그린캠퍼스 내용을 견학할 수 있다. UoM은 친환경투어 외에 생물다양성투어를 진행하며 학교 공식웹사이트에 투어 관련 내용과 맵을 공개하고 있다.

그림 14. PSU의 Sustainability walking tour map
친환경투어를 위한 지도. 그린빌딩, 친환경 설치물, 신재생에너지시설 등을 확인할 수 있다.

4) 환경관리시스템 운영

FU는 유럽연합환경경영감사규정(EMAS)에 따른 인증 프로세스를 운영하고 있으며, 환경, 안전과 건강관리 시스템을 지속적으로 개발하고 구체화하고 있다. 학교 행정의 지속적인 개선과정의 모든 요소들이 환경관리시스템 ISO 14001에 따른다.

Aalto는 그린오피스 관리시스템을 운영하고 있는데, 오피스와 근무자들이 환경에 대해 최선을 다한다는 자발적인 약속으로서, 예를 들어 종이, 에너지 소비, 폐기물의 양, 쓰레기 분리 등에 특별한 주의를 기울이는 운영방식을 말한다.

## 1.2 건강과 안전

선진사례들은 그린캠퍼스 추진에 있어서 대학구성원의 정신적, 신체적 건강 증진과 안전을 우선하고 있다. 캠퍼스 내에서 구성원의 건강에 가장 영향을 주는 부문인 대기의 질과 건물내 실내공기질 관리, 섭취하는 식품에 대한 개선 프로젝트, 진료를 비롯한 건강관리 서비스를 추진하고 있다.

1) 공기질 관리

PSU는 체육시설의 건강한 실내공기질 관리를 위해 금연, 무향 정책을 시행하며 이를 공지하고 있고(그림 15), 깨끗한 대기상태를 유지하기 위해 Clean air corridor를 지정하였다(그림 16).

그림 15. PSU 체육시설 내 금연과 무향 공지

FU는 건물 내에 석면 등 건강유해물질을 포함한 재료의 교체를 추진완료하였다.

Aalto는 실내공기질 업무팀을 조직하여, 학교전체의 실내공기질 평가, 보고, 정보 전달, 업무 협조 및 조정, 연구방법 개발, 측정치 보증, 하부 공기질팀 지원 등의 업무를 수행하고 있다. 2010년 메인 캠퍼스 전체 건물의 실내공기질 조사를 실시하였으며, 결과는 양호한 것으로 보고되었으며, 이후 매년 실내공기질 개선을 위한 평가를 하고 이에 따른 건물 리모델링 계획을 하고 있다. 이 외에도 습도상태에 대한 조사, 건물 내·외의 공기질과 압력에 관한 총체적인 조사, 유해물질 포함가능성에 관한 조사를 시행하였다.

그림 16. PSU의 Clean air corridor

2) 식품

조사대상들은 공통적으로 교내의 식당이나 카페에서 판매하는 식품, 행정적으로 또는 구성원이 구입하는 식품의 건강성 향상과 탄소배출 감소를 위해 노력하고 있다. 즉, 식재료 운반에 의한 탄소배출 감소를 위한 지역생산재료 증대, 구성원의 건강을 위한 인증된 재료와 공정거래 제품, 유기농, 채식의 증대, 다량의 탄소배출 원인이 되는 축산식품의 감소를 추진하고 있다.

점심식사를 위한 차량운행을 줄이고, 교내 간이식당에서 햄버거 등의 정크푸드 식사보다 건강한 점심식사를 위해서, 집에서 준비한 도시락을 가져와서 식사할 수 있도록 학생휴게실이나 교직원용으로 식수, 더운 물, 전자레인지, 식탁 등이 비치된 키친 설치를 늘리고 있다(그림 17~18). 이러한 교내 자율 키친들은 부수적으로 동료간의 교류증대효과도 가져온다.

PSU에서는 교내식당에서나 구성원들이 식품을 구매할 때 유기농 및 지역생산 식품 구매를 늘리기 위한 프로젝트를 진행하고 있으며, 교내식당 계약서에 인증된 식품 구매하기를 포함하고 있다. 점심식사를 위한 차량운행 감소를 위해 캠퍼스 일정 장소에 푸트카트를 허용하고 있고 학교 홈페이지에서 위치를 확인할 수 있다(그림 19).

FU는 유기농 스낵바와 채식주의자를 위한 학생식당을 운영함으로써 구성원의 건강을 위한 노력을 하고 있는 것으로 파악되었다.

Aalto는 식품 측면에서는 교내식당 서비스, 식료품 픽업서비스 시범운영 등을 하고 있다. 교내식당 서비스는 지역생산 식재료의 양을 늘리고 있으며, 유기농 식품과 공정거래 제품을 제공하고 주 1회 채식의 날을 시행하고 채식주의 식단을 포함한 일일 식단표를 제공하고 있다(그림 20). 이러한 목표들을 내용으로 하는 2013~2020년 친환경 교내식당 서비스 로드맵을 진행 중에 있다.

그림 17. FU 학생 라운지

그림 18. Aalto 러닝허브의 자유이용 키친
현재는 탄산음료를 판매하고 있지만,
교내 탄산음료 판매억제를 추진중이다.

그림 19. PSU에 허용되고 있는 푸드카트

그림 20. Aalto 교내식당의 식단표
채식주의자 식단을 포함하고 있으며, 학생, 교직원, 외부인 순으로 가격이 비싸다

### 3) 건강관리 서비스

PSU는 일년 중 여름을 제외한 계절이 흐리고 비가 와서 야외 운동이 어려운 기후이므로, 구성원의 건강을 위한 실내체육시설을 운영중인데(그림 21), 학생은 이용이 무료이고 교직원은 이용료를 부담한다.

FU는 '일과 건강'에 관하여, '업무공간의 건강과 안전', '직업관련 의료 서비스', '직업관련 건강관리' 등을 추진하고 있으며, 아주 간단한 조치로는 학과사무실에 응급약품을 구비하고 응급시 이용할 수 있도록 그 표시를 부착하고 있다(그림 22).

Aalto는 건강 서비스 측면에서, 교내에 외부 병원을 설치하였고 치과, 정신과 상담 등이 포함된 교내 진료소를 운영하고 있다(그림 23~24). 핀란드는 기후에 의한 외출감소, 이에 따른 사회적 교류 감소 등으로 자살율이 높은 나라였는데, 자살율을 줄이기 위한 노력의 일환으로 교내에 정신과 진료소를 운영하고 있다. 국가에서 자살율 감소를 위한 강력한 정책을 추진하여 급격한 감소효과가 나타나고 있다. 다양한 건강관리 및 체육활동이 가능한 체육센터를 운영하고 있으며 체육센터 내에 빛을 이용한 수면장애 치료실을 운영하고 있다(그림 25). 직업병과 사고예방을 위해 안전담당자를 두어 위험물질처리와 조달에서의 안전성을 높이고 있으며 사용자들에게 안전교육을 실시하고 있다.

그림 21. PSU의 Academic and Student Recreation Center
체육시설이 포함된 이 건물은 LEED인증 그린빌딩이다. 그린빌딩요소는 2.2 내용참조.

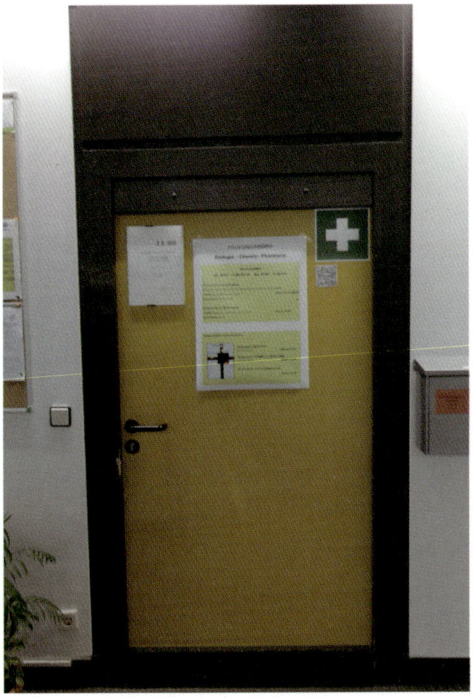
그림 22. FU 학과사무실의 응급약품 비치 표시

그림 23. Aalto 교내에 위치한 외부 병원(Terveystalo service)

그림 24. Aalto 교내 진료소(Aalto Health Factory)

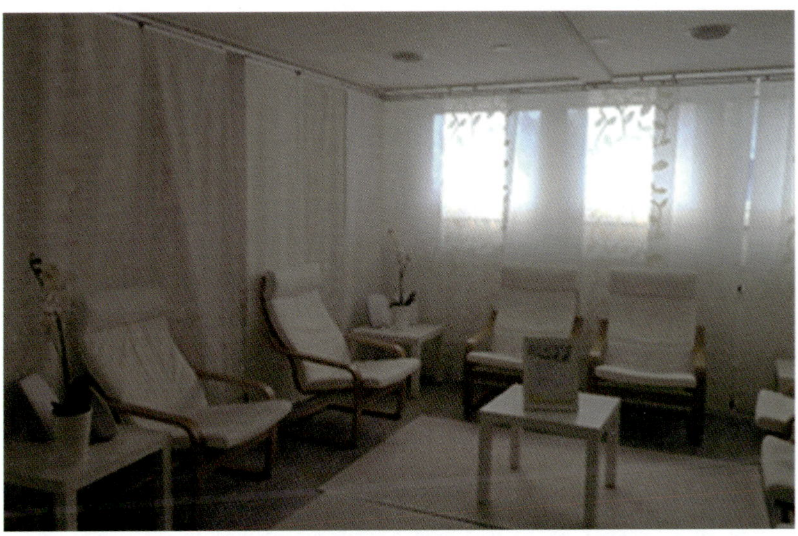
그림 25. Aalto 체육센터 내 빛을 이용한 수면장애 치료실

# 2. 친환경 캠퍼스

## 2.1 에너지와 탄소배출

그린캠퍼스는 지구온난화 방지를 위한 온실가스 배출감소, 온실가스 배출감소를 위한 화석에너지 소비감소가 핵심이다. 이를 위해 선진 그린캠퍼스에서는 탄소가 어디에서 어느정도 배출되는지 인벤토리를 구축하고 화석에너지 소비를 감소 또는 제로화하는 장기계획을 수립한 후 이를 실현하기 위한 다양한 방법들 즉, 에너지효율적 설비로 교체, 에너지효율향상 프로그램 시행, 신재생에너지설비 설치, 지역냉난방 및 열병합발전소 설치, 에너지 교육 및 에너지 절약을 위한 인센티브, 연말휴무제 등을 실행하고 있다.

### 1) 탄소인벤토리

조사대상 모두 매우 자세한 탄소인벤토리를 매년 파악하고 있다. 건물별, 에너지 종류별 사용량, 폐기물의 종류와 양, 물사용량, 이를 비용으로 환산한 데이터, 그린캠퍼스 추진 후의 감소량과 감소비용 등이 포함된다.

PSU는 그린캠퍼스 추진의 가장 종합적인 내용으로 2010년도에 기후행동계획(Climate action plan)을 선언한 후, 2013년도에 진행상황(Climate action progress)을 보고하였다(그림 26). 기후행동계획에는 온실가스 감축을 위한 관련 데이터 현황, 장기계획과 목표, 추진범주에 따른 계획 즉 건물, 재료, 출장, 교통, 연구와 교육, 친환경지역개발 등으로 구분된 추진계획이 포함되어 있다. 2013년도의 진행상황에는 기후행동 선언 이후의 노력에 의해 탄소배출이 얼마나 감소되었는지 부문별로 범주별로 보고되어 있다.

FU는 2001년부터 모든 교내 건물의 전력과 난방 사용량을 데이터화 및 분석하는 체계적인 에너지관리시스템을 운영하고 있다. 에너지 모니터링은 교내 모든 건물의 전기와 열소비량의 축적과 평가로서, 추진 프로그램이 시행되었고 건물별로 에너지사용량이 데이터화 되고 있는데(그림 27), 2004년부터는 온라인 에너지 모니터링이 시행되고 있다.

건물 리노베이션을 포함한 에너지관리시스템을 통해 에너지소비량이 2012년 기준으로 2001년 대비 24.3%(124,200MWh) 이상 감소하였고 1억3천2백만유로(1,750억원)를 절감하였다. $CO_2$배출량은 2012년 기준으로 2001년 대비 20.6%(44,000톤)를 절감, 폐기물은 2011년 기준으로 2003년 대비 17.3%(11,135톤)를 절감하여 350만유로(46억원)를 절감하였다. 물은 2011년 기준으로 2004년 대비 34.2%(175,059$m^3$)를 절감하여 100만유로(13억원)를 절감하였다.

Aalto는 캠퍼스 전체 시설별 전기, 열, 물 소비량을 데이터화 하고 있고(그림 28), 이를 학교 에너지 관련 웹사이트에 공개하고 있으며, 에너지효율 향상과 신재생에너지 이용증대를 위한 연구를 수행하고 있다.

UoM은 탄소중립을 위해 offset 개념[9]을 도입하여 off-campus의 신재생에너지 공급옵션을 모델링하고 있으며, 모든 캠퍼스에 에너지 평가를 실시하고 에너지 원단위를 모니터링 및 보고하며 온실가스 인벤토리를 완성시켰다.

9) campus 내에서의 부족분을 campus 밖에서 메꾸는 상쇄(offset) 개념

그림 26. PSU의 기후행동계획2010과 기후행동진행상황2013

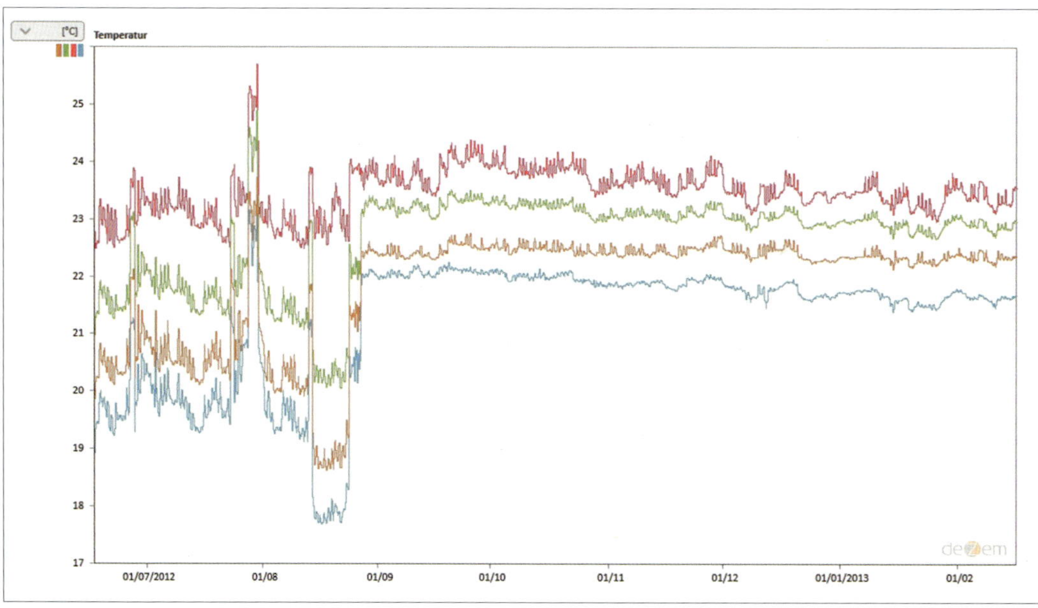


그림 27. FU 에너지 모니터링의 예
Data center건물에서 냉방시스템의 최적화를 위한 온도 모니터링 사례

**Table 1.** Availability of campus consumption figures.

| Campus | Location (property owner) | Sum / Aalto GIA (gross internal area) m² | Sum /GEA (gross external area) m² | User other-than Aalto University NUA m² | Direct heating | Electricity | Water | Waste |
|---|---|---|---|---|---|---|---|---|
| **Otaniemi Campus** | Aalto University Properties Ltd | 205 838 | 295 576.90* | 14 990 | ● | ● | ● | ● |
| | Dipoli (AYY, Aalto University Student Union) | 9 272 | 12 448 | 444 | ● | ● | ● | ● |
| | Keilaranta 10 (CSC) | 463 | 758 | | – | – | – | – |
| | Aalto Inn, Otaranta 4 | 3 313 | 4 734 | | – | ● | ● | ● |
| | Tietotie 3/Micronova, Senate Properties | 6 959 | 28 879 | 12 744 | – | – | – | – |
| | Miestentie 3, Sponda Plc | 6 576 | 6 793 | | – | – | – | – |
| | Falcon Gentti, Technopolis Oyj | 6 836 | 12 923 | | – | – | – | – |
| **Otaniemi Sum** | | **239 256** | **362 112** | **28 178** | | | | |

**Table 4.** Waste brackets by campus

| | | Otaniemi | Töölö | Arabia | Other* | Total |
|---|---|---|---|---|---|---|
| | **Waste brackets (1000 kg)** | | | | | |
| **Non-hazardous waste** | | | | | | |
| **Recycling** | Mixed paper | 346.18 | 0.58 | 24.55 | 0.50 | 371.82 |
| | White paper | 10.12 | - | 15.60 | - | 25.72 |
| | Cardboard | 4.74 | 6.24 | 24.64 | 0.50 | 36.12 |
| | Bio/organic waste | 319.77 | 75.25 | 29.62 | - | 424.63 |
| | Electronic waste | 38.743 | - | 7.13 | 0.70 | 46.573 |
| | Construction waste, mix wood | 13.44 | - | 16.00 | - | 29.44 |
| | Metal | 13.70 | 0.67 | 3.93 | - | 18.30 |
| | Glass | 19.16 | 0.96 | 4.18 | - | 24.30 |
| | Confidential/destroyed paper | 0.50 | - | 2.34 | 0.02 | 2.86 |
| | Demountable platform/reused packaging | 167.03 | 5.06 | 6.52 | - | 178.61 |
| **Incineration/energy** | | 21.71 | - | 113.92 | - | 135.63 |
| **Landfill** | Mixed waste, waste sludge, etc. | 69.26 | 40.24 | 15.20 | 3.50 | 128.20 |
| | **Subtotal** | **985.61** | **129.00** | **263.62** | **5.22** | **1 383.45** |
| **Hazardous** | | | | | | |
| | Chemical waste | 2.14 | - | 4.04 | - | 6.18 |
| | Batteries | - | - | 0.17 | - | 0.17 |
| | Fluorescent light bulbs | 0.04 | - | 0.22 | - | 0.26 |
| | Other | - | - | 3.47 | - | - |
| | **Total** | **987.79** | **129.00** | **271.52** | **5.22** | **1 393.53** |

*Only Kirkkonummi facility

그림 28. Aalto의 난방에너지, 전기, 물 소비량 데이터 / 폐기물보고서의 예
출처 : Aalto Sustainability Report 2013, p.12, p.20.

### 2) 에너지자립캠퍼스를 위한 장기계획

PSU는 탄소배출을 2030년에 2008년의 80%이하를, 2040년은 탄소중립캠퍼스, 2050년은 1990년의 80%이하를 목표로 하는 장기계획을 수립하고 이를 위해 노력하고 있다.

Aalto의 'ECOCAMPUS 2030'는 2030년까지 에너지자립캠퍼스를 목표로 하는 프로젝트로써, 프로젝트 진행단계는 에너지소비 감축 잠재력 파악, 에너지생산 잠재력 평가, 종합적인 지역에너지 시스템을 위한 로드맵 제시 3단계로 진행되고 있다. 1단계는 시설별 에너지소비 데이터를 검토하여 에너지소비를 감축시킬 수 있는 방법과 양을 파악한다. 여기에는 에너지효율 향상을 위한 건물 리모델링, 공간사용방식 개선, 사용자의 실천 등이 모두 포함된다. 2단계는 캠퍼스내 건물 벽면, 옥상, 대지 등에 태양광, 태양열, 풍력 설비 설치가 가능한 면적 및 양, 지열에너지 잠재력을 평가한다(그림 29~30). 3단계는 앞의 두 단계를 종합하여 2030년에는 신재생에너지만을 이용하는 종합적인 지역에너지 시스템을 제시하였다. Aalto의 모든 건물들을 지역난방 네트워크로 연결하여 난방공급의 범위를 대단위화 하였으며, 로드맵에 따라 교내의 지열 잠재력이 가장 좋은 위치에 2016년 현지조사 당시 지열설비를 굴착 중에 있었다(그림 31). 핀란드는 겨울이 매우 길고 추운 기후로, 다량의 난방열을 필요로 하는데 현재 열원은 화석에너지와 열병합발전에 의존하고 있다. 하지만 지열설비가 완공되는 2017년부터는 교내 난방열을 모두 공급할 뿐 아니라 에스포시 지역난방수요의 10%를 담당한다. 긴 겨울과 달리 핀란드의 여름은 짧고 서늘하여 냉방이 필요한 기간은 매우 짧아, 현재 화석에너지를 이용한 냉방설비를 earth tube[10)]를 이용한 자연냉방으로 모두 전환할 예정이다.

UoM은 에너지 범주로 2030년까지 탄소중립, 2021년까지 전기부문에 온실가스 순배출량 제로 달성을 목표로 한다. 2030탄소중립은 campus 내에서의 부족분을 campus 밖에서 메꾸는 상쇄(offset) 개념을 포함하여 달성하려는 계획을 포함하고 있다. on-campus 에너지프로젝트로는 2020년까지 연간 탄소배출량 20,000톤 감축을 목표로 하여, 신재생에너지 증대, 에너지소비 감축, 에너지효율 향상계획을 포함한다.

10) 연중 일정한 온도로 유지되는 지중에 배관을 매설하여 여름철 더운 외부공기를 지중온도로 식혀 건물내부에 공급하는 방식

또한 2020년까지 기후대응계획을 개발하고 이행하는 것을 목표로 한다. 기후대응계획은 기후변화위기를 관리하도록 도와주며 AS/NZS[11] ISO 31000 '위험관리-원칙 및 지침'을 기반으로 한다. 또한 온도, 강수량, 해수면 상승의 1차 영향과 상대습도, 가뭄, 홍수, 바람, 폭풍, 화재위험과 관련된 2차 영향을 탐구한다.

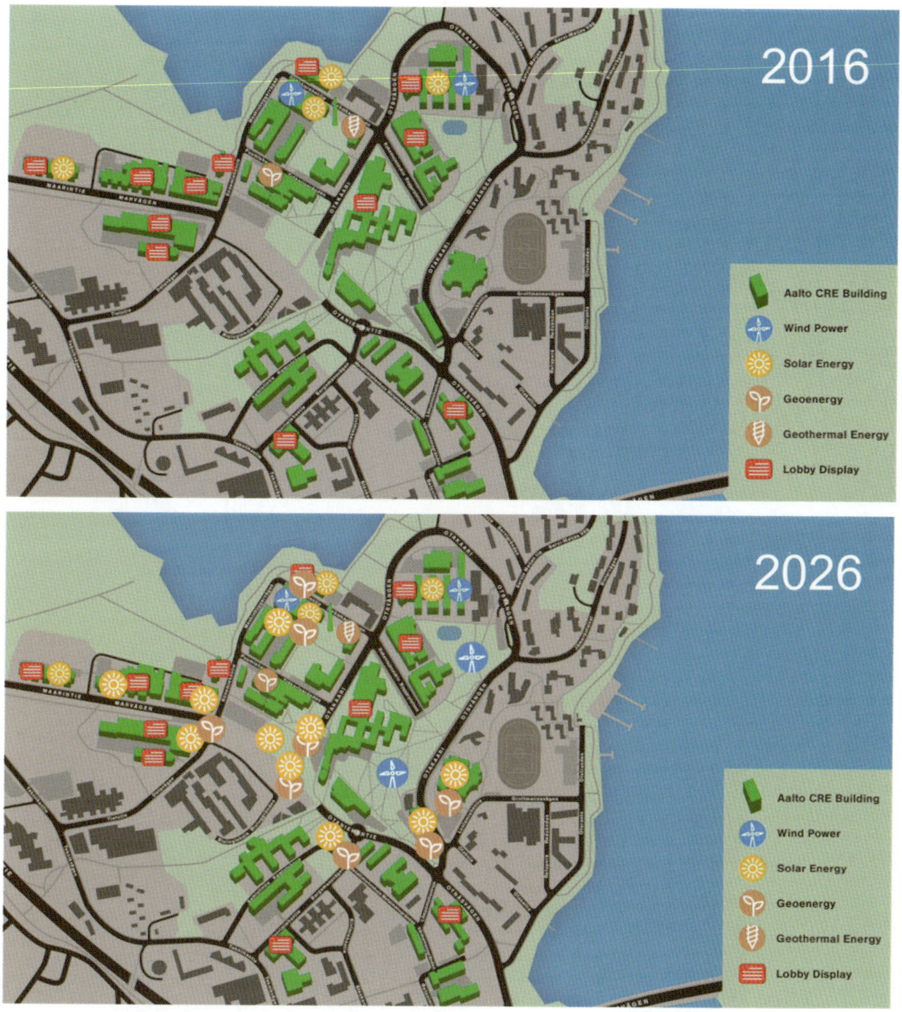


그림 29. Aalto의 신재생에너지 설치현황(2016년)과 설치예상(2026년) 지도

11) AS/NZS ISO 31000 '위험관리-원칙 및 지침'은 위험을 효과적으로 관리하기 위한 원칙, 프레임워크, 프로세스를 의미한다. '(AS / NZS ISO 31000 : 2009) (출처: https://www.governanceinstitute.com.au/search-results/?Keyword= risk+management+policy&ResultType=All&SortBy=Relevance)

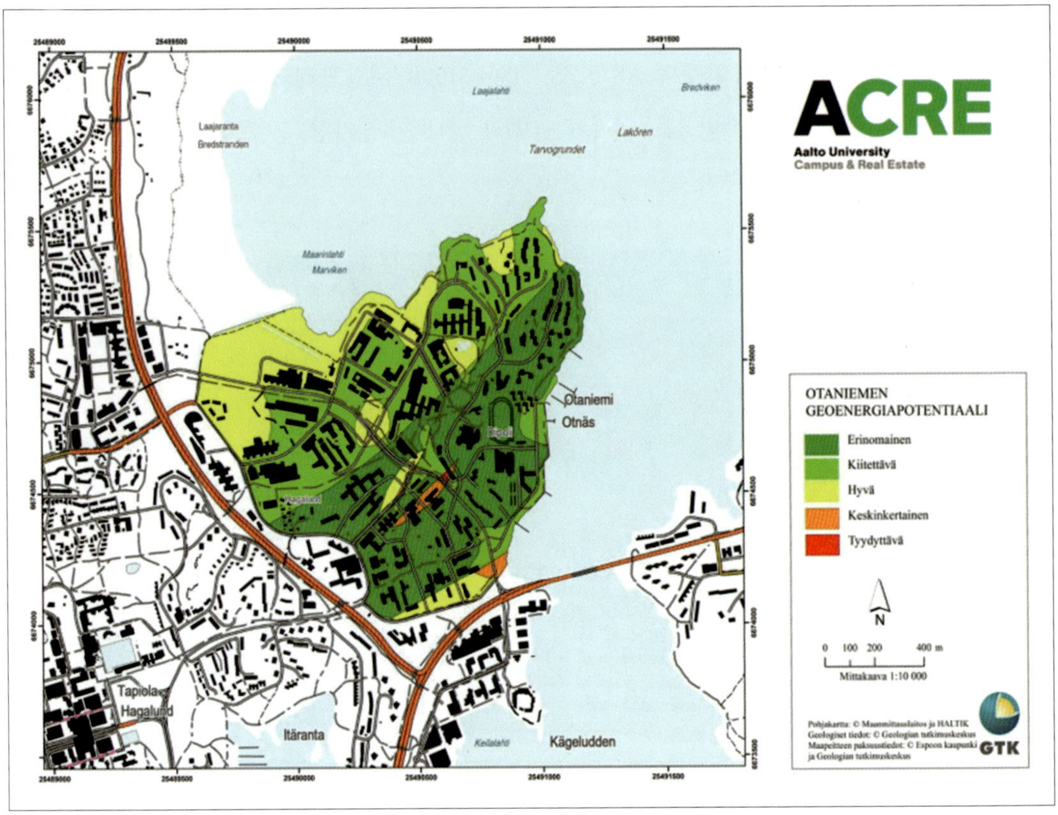


그림 30. Aalto 지열 잠재력 평가 맵

그림 31. Aalto 지열굴착현장

### 3) 에너지효율향상 프로그램

PSU는 에너지효율향상의 일환으로, 교내에 설치되어 있는 보일러를 업그레이드하고, 주차빌딩의 조명을 LED조명으로 교체하고, 인체감지센서에 의한 소등시스템(그림 32)을 설치하였으며, 컴퓨터나 모니터의 파워 관리를 세팅하는 등의 에너지절약 프로그램을 실행하고 있다. 행정적으로는 냉난방에너지 절약을 위한 수업시간 연속편성, 전등끄기 스티커부착 등을 실행하고 있다.

그림 32. PSU의 인체감지센서와 연결된 소등스위치

FU는 2003년부터 에너지효율 프로그램을 시행하고, 에너지효율에 따른 대학건물 및 시설들의 최적화 및 리모델링을 진행하고 있다. ZEDAT(데이터 프로세싱 센터)와의 협력으로 2009년에 대학 전체 IT시스템의 에너지효율성 제고를 위한 Green IT 프로젝트를 시행하였고, 2010년에는 IT 인벤토리를 기초로 Green IT action program을 개발하였다.

Aalto는 총체적인 지역에너지시스템을 컨트롤하기 위한 플래닝툴(Planning tool : Open energy site ae5)을 단계적으로 개발 중에 있다. 또한 에너지효율향상을 위해 건물리모델링, 에너지컨트롤, 에너지평가 등을 추진하고 있다. 에너지효율향상을 위한 건물리모델링 부문은 크게 에너지효율향상·기능성 개선방향으로의 리모델링과 공간사용방식의 변화로 구분되며, 에너지효율 향상·기능성 개선방향으로의 건물리모델링은 '건물과 커뮤니티' 범주에서 소개한다.

에너지효율향상을 위한 공간사용방식의 변화란 모든 건물의 주 단위의 이용률, 업무공간 사용방식을 파악하여 공간사용방식을 공유, 다변화, 교류증대 방향으로 정비하는 것을 의미한다[12]. 이러한 예로 모바일 오피스, 러닝허브, 뉴러닝허브, 자유활용 24시간 개방건물 등이 있다. 모바일 오

12) 그린캠퍼스 전담부서에서 학교전체 건물의 주 단위 이용률을 조사한 결과, 학교에서 불필요하게 이용되고 있는 공간은 37%, 학교의 공간이용률은 18~30%로 나타났다. 책상점유율은 공적공간에서는 42%, 사적공간에서는 48%로 나타났다. 다소 낮은 공간이용률을 높이기 위해 새로운 공간사용방식을 추진하여 활동을 특정 공간에 집중시켰다. 이를 통해 총 10만$m^2$의 공간이용을 최적화하고 1800만 유로의 에너지비용을 절감할 것으로 기대된다.

피스는 기존의 업무공간 사용방식을 개선하는 방법으로써, 기존의 방식은 출장이나 외근으로 인한 빈자리까지 항상 에너지를 사용하고 있으므로, 이를 개선하는 방법으로 개인 작업공간을 소유하지 않고 업무공간을 공유함으로써 에너지사용 면적을 줄이고, 매일 자리가 변경될 수도 있어 교류증대효과도 얻는다(그림 33). 이를 돕기 위해 함께 점심을 준비하고 식사하는 공간인 키친과 모임공간 등을 다수 설치하였다. 러닝허브와 뉴러닝허브는 학생들이 함께 모여 공부할 수 있도록 독서, 그룹스터디, 휴식 등 학생들의 다양한 요구에 적합한 공간들로써, 비어있던 건물의 일부나 로비 등에 다수 설치하였다(그림 34~36). 자유활용 24시간 개방건물은 학생들이 24시간 이용가능한 세미나실, 컴퓨터실, 개인공간 등으로 구성된 건물로써(그림 37~38), 여러 건물에 분산된 소수의 이용자들을 한 건물에 모이게 함으로서 에너지 사용을 감소시키며, 이 건물의 에너지는 옥상에 설치된 'Solar Farm'이라고 불리는 대규모 면적의 태양광발전패널에 의해 공급된다(그림 41). 학생들의 이 건물이용율을 높이기 위한 이용편의성 증대를 위해 학생ID카드로 프린터와 용지가 무료로 사용가능하고, 간식 준비가 가능한 키친과 휴식공간이 포함되어 있다(그림 18).

그림 33. Aalto의 공간사용방식 변화를 위한 진행과정

그림 34. Aalto의 러닝허브 중 개방형공간

그림 35. Aalto의 러닝허브 중 개인작업공간

그림 36. Aalto 뉴러닝허브

그림 37. Aalto 자유활용 24시간 개방건물의 개인작업공간

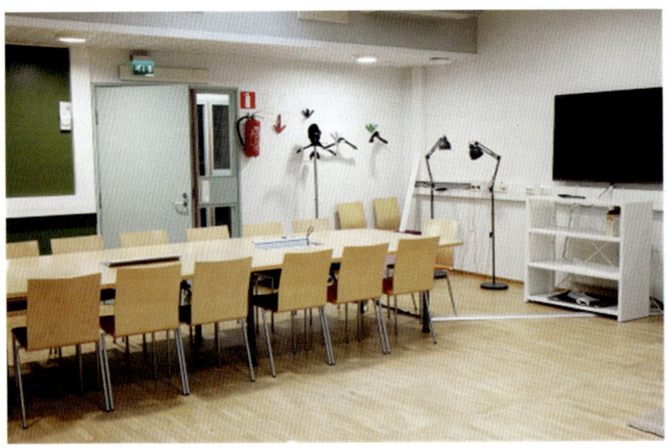

그림 38. Aalto 자유활용 24시간 개방건물의 세미나실

4) 신재생에너지설비 설치

조사대상 모두 태양광, 풍력, 지열 등의 신재생에너지 발전설비의 설치를 지속적으로 추진하고 있다.

PSU는 여름을 제외한 계절이 대부분 비가 오는 기후로 태양광 발전의 효율성이 낮음에도 불구하고 태양광발전설비 설치를 지속적으로 추진하고 있다(그림 39).

FU는 2008년 태양광발전시스템을 설치하기 시작했고, 2016년 기준 총 9개의 태양광발전시스템을 설치하여 매년 약 600,000kWh의 전력을 생산하고 있다. 외부투자자에 의한 태양광발전시스템을 설치 및 운영하고 있는데, 태양광발전시스템 중 의미 있는 것으로써, UniSolar 프로젝트를 진행하였다. 이 프로젝트는 학생들의 투자만으로 태양광발전시스템을 설치한 프로젝트로, 태양광설비에 필요한 일정지분을 구입하고 거의 영구적으로 배당을 받는 방식이다(그림 40).

Aalto와 UoM은 에너지자립, 탄소중립의 목표를 세우고 이를 위한 태양광, 지열, 풍력, 바이오 에너지 프로젝트를 추진중에 있다(그림 41~42).

그림 39. PSU의 태양광패널

그림 40. FU의 태양광패널
학생들 투자에 의한 UniSolar 프로젝트

그림 41. Aalto 자유활용 24시간 개방건물의 Solar Farm

그림 42. UoM 윌슨홀의 태양광패널

### 5) 지역냉난방 및 열병합발전

지역냉난방은 개별 건물의 냉난방에 비해 에너지 손실이 적고 오염물질 배출관리의 용이성 등 여러 가지 측면에서 친환경적이므로, 조사대상 모두 추진하고 있다. PSU는 지역냉난방을 실시하고 있으며(그림 43), 캠퍼스 내에 열병합발전소를 가동 중이다(그림 44).

FU는 2013~15년에 4개의 열병합발전소를 설치하였는데, Düppel Campus(뒤펠 캠퍼스) 280kW, Lankwitz Campus(랑크비츠 캠퍼스) 240kW, Kelchstr.31(켈히 슈트라세) 50kW, Botanical Garden(보태니컬 가든) 140kW 용량으로, 3개 열병합발전소는 천연가스 기반, 1개(보태니컬 가든)는 바이오가스 기반이다. 2013년에 설치된 발전소의 투자회수기간은 3~3.6년이며, 매년 $CO_2$ 배출량 2,800톤이 감소되는 열과 전기를 동시에 생산하는 가장 효율적인 발전시설이다.

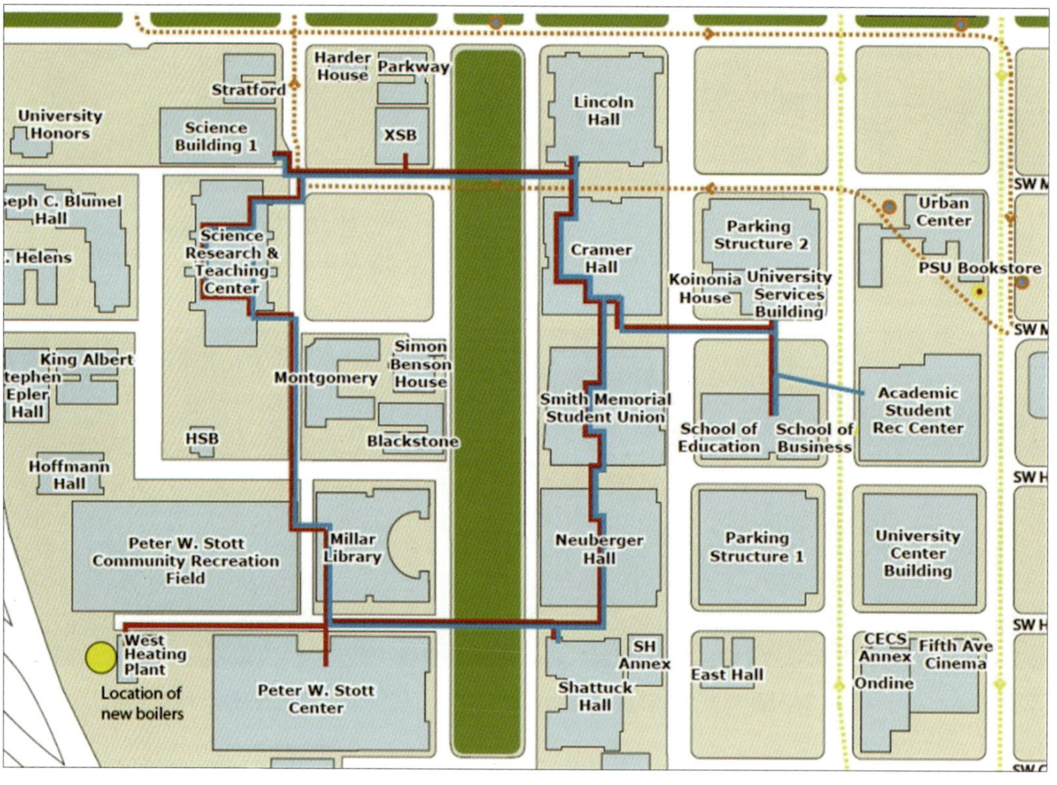


그림 43. PSU 지역난방지도

그림 44. PSU의 열병합발전소

### 6) 에너지 교육 및 인센티브

에너지사용량 감소는 물리적으로 시설과 설비를 개선함으로써 가능하지만, 에너지절약의 주체는 사람이다. 따라서 조사대상 모두 구성원에게 에너지 관련 교육과 인센티브 제도를 시행함으로써 절약을 독려하고 있다.

PSU는 기후행동지침과 에너지절약 실천지침 등을 제작·보급하고, 각 부서에서는 이를 실천한 후 기후행동챔피언 신청서를 제출하고 선정되면 인센티브를 받는다(그림 45~46). 에너지절약 실천지침은 난방과 환기, 구매, 기술적 측면과 기타 전자기기, 조명, 비거주 공간에서 에너지를 감소시키는 방법을 안내하는 가이드라인으로써, 학교 홈페이지에서 언제든지 확인 및 출력 가능하다. 또한 그 건물의 에너지 생산량과 에너지종류별 사용량, 물 사용량, 폐수량 등이 표시되는 Interactive energy dashboard 라는 명칭의 모니터를 일부 건물에 설치하여, 건물 사용자나 방문객 누구나 볼 수 있도록 하여 친환경교육이 되도록 하고 있다(그림 47).

FU는 각 건물의 에너지 데이터를 그 건물 입구에 부착하고 있고(그림 48) 에너지절약 인센티브제도를 시행하였다. 이 제도는 각 부서별로 에너지 소비가 baseline이하로 감소시, 목표 예산 감소량의 50%를 보너스로 받는 제도이다. 인센티브를 받은 부서는 인센티브를 에너지절약에 도움이 되는 기기구입으로 재투자하여 다음해에도 인센티브를 받기위해 노력하고 있다. 이를 통해 거의 모든 시설에서의 난방소비가 감소되었으며 2007년 이후 전력소비 동향이 전환되었다.

Aalto는 에너지절약 가이드라인(Guidelines for saving energy) 및 실천지침을 제공하여 에너지를 절약하는 방법 뿐만 아니라 친환경 실천에 대한 인식을 제고시키고 있다. 건물 로비마다 에너지 정보카드를 부착하고 디스플레이 스크린을 설치하여 건물별 에너지소비, 건물리모델링, 보수관리 등 에너지 관련정보를 제공함으로써 이용자의 인식을 제고하여 에너지절약 실천을 권장하고 있다(그림 49~50).

UoM은 그린캠퍼스 센터를 중심으로 에너지교육을 하고 있다. 그린캠퍼스 센터 건물 외부에 지열발전모형과 루프가든모형을 설치하고, 센터 로비에 친환경정보 허브를 가동하고 있으며, 에너지교육용 보드들이 전시되어 있다(그림 51, 그림 10~13).

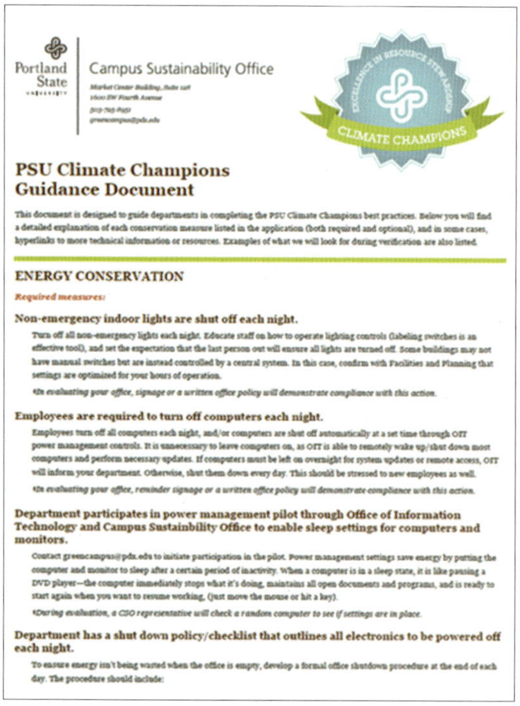
Portland State University | Campus Sustainability Office

CLIMATE CHAMPIONS

**PSU Climate Champions Guidance Document**

This document is designed to guide departments in completing the PSU Climate Champions best practices. Below you will find a detailed explanation of each conservation measure listed in the application (both required and optional), and in some cases, hyperlinks to more technical information or resources. Examples of what we will look for during verification are also listed.

**ENERGY CONSERVATION**

*Required measures:*

**Non-emergency indoor lights are shut off each night.**

Turn off all non-emergency lights each night. Educate staff on how to operate lighting controls (labeling switches is an effective tool), and set the expectation that the last person out will ensure all lights are turned off. Some buildings may not have manual switches but are instead controlled by a central system. In this case, confirm with Facilities and Planning that settings are optimized for your hours of operation.

*In evaluating your office, signage or a written office policy will demonstrate compliance with this action.*

**Employees are required to turn off computers each night.**

Employees turn off all computers each night, and/or computers are shut off automatically at a set time through OIT power management controls. It is unnecessary to leave computers on, as OIT is able to remotely wake up/shut down most computers and perform necessary updates. If computers must be left on overnight for system updates or remote access, OIT will inform your department. Otherwise, shut them down every day. This should be stressed to new employees as well.

*In evaluating your office, reminder signage or a written office policy will demonstrate compliance with this action.*

**Department participates in power management pilot through Office of Information Technology and Campus Sustainbility Office to enable sleep settings for computers and monitors.**

Contact greencampus@pdx.edu to initiate participation in the pilot. Power management settings save energy by putting the computer and monitor to sleep after a certain period of inactivity. When a computer is in a sleep state, it is like pausing a DVD player—the computer immediately stops what it's doing, maintains all open documents and programs, and is ready to start again when you want to resume working. (Just move the mouse or hit a key).

*During evaluation, a CSO representative will check a random computer to see if settings are in place.*

**Department has a shut down policy/checklist that outlines all electronics to be powered off each night.**

To ensure energy isn't being wasted when the office is empty, develop a formal office shutdown procedure at the end of each day. The procedure should include:

그림 45. PSU의 기후행동실천 가이드라인

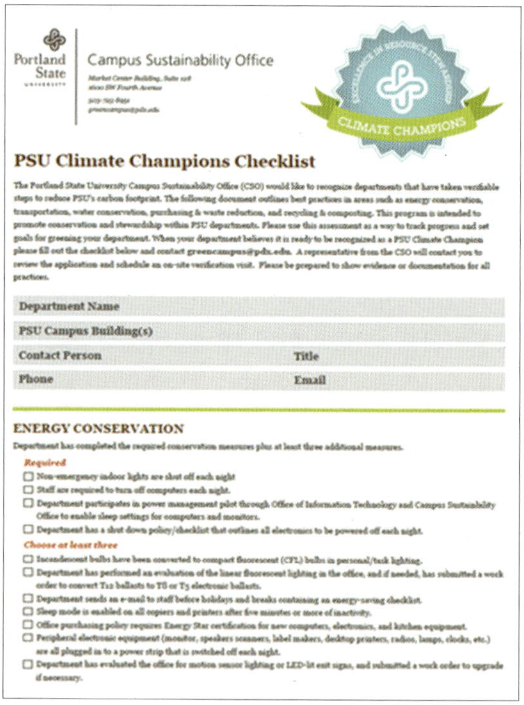
Portland State University | Campus Sustainability Office

CLIMATE CHAMPIONS

**PSU Climate Champions Checklist**

The Portland State University Campus Sustainability Office (CSO) would like to recognize departments that have taken verifiable steps to reduce PSU's carbon footprint. The following document outlines best practices in areas such as energy conservation, transportation, water conservation, purchasing & waste reduction, and recycling & composting. This program is intended to promote conservation and stewardship within PSU departments. Please use this assessment as a way to track progress and set goals for greening your department. When your department believes it is ready to be recognized as a PSU Climate Champion please fill out the checklist below and contact greencampus@pdx.edu. A representative from the CSO will contact you to review the application and schedule an on-site verification visit. *Please be prepared to show evidence or documentation for all practices.*

| Department Name | |
|---|---|
| PSU Campus Building(s) | |
| Contact Person | Title |
| Phone | Email |

**ENERGY CONSERVATION**

Department has completed the required conservation measures plus at least three additional measures.

*Required*

- ☐ Non-emergency indoor lights are shut off each night
- ☐ Staff are required to turn off computers each night.
- ☐ Department participates in power management pilot through Office of Information Technology and Campus Sustainability Office to enable sleep settings for computers and monitors.
- ☐ Department has a shut down policy/checklist that outlines all electronics to be powered off each night.

*Choose at least three*

- ☐ Incandescent bulbs have been converted to compact fluorescent (CFL) bulbs in personal/task lighting.
- ☐ Department has performed an evaluation of the linear fluorescent lighting in the office, and if needed, has submitted a work order to convert T12 ballasts to T8 or T5 electronic ballasts.
- ☐ Department sends an e-mail to staff before holidays and breaks containing an energy-saving checklist.
- ☐ Sleep mode is enabled on all copiers and printers after five minutes or more of inactivity.
- ☐ Office purchasing policy requires Energy Star certification for new computers, electronics, and kitchen equipment.
- ☐ Peripheral electronic equipment (monitor, speakers scanners, label makers, desktop printers, radios, lamps, clocks, etc.) are all plugged in to a power strip that is switched off each night.
- ☐ Department has evaluated the office for motion sensor lighting or LED-lit exit signs, and submitted a work order to upgrade if necessary.

그림 46. PSU의 기후행동 챔피언 체크리스트

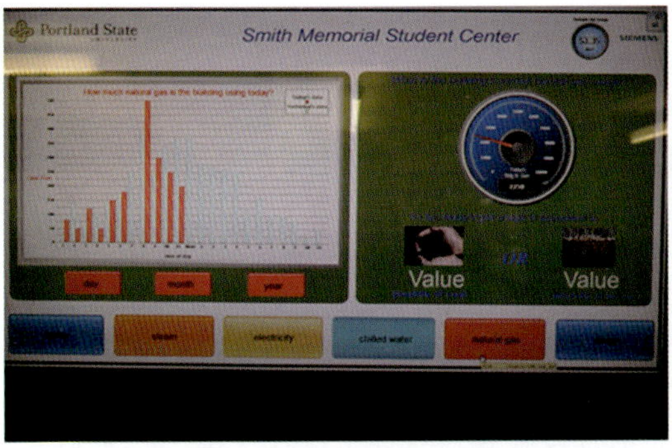


그림 47. PSU의 Dashboard

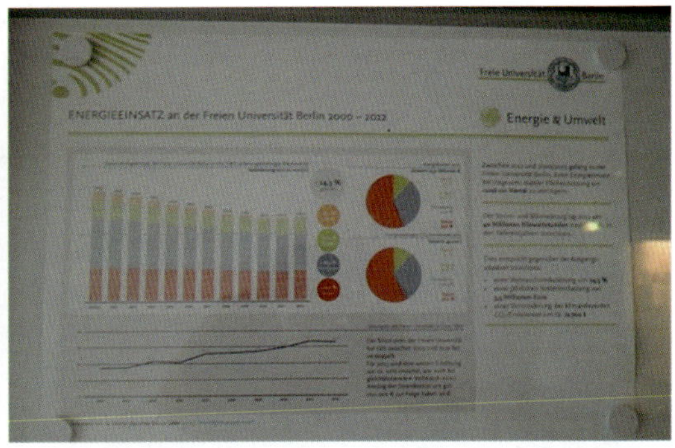


그림 48. FU의 각 건물 입구마다 부착된 에너지데이터

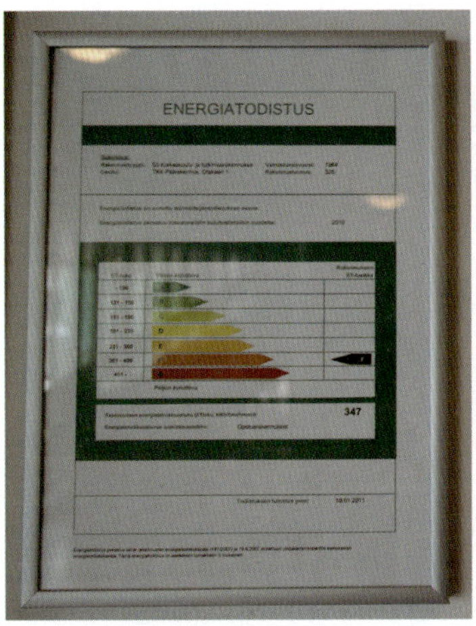


그림 49. Aalto 건물로비마다 부착된 건물별 에너지 등급

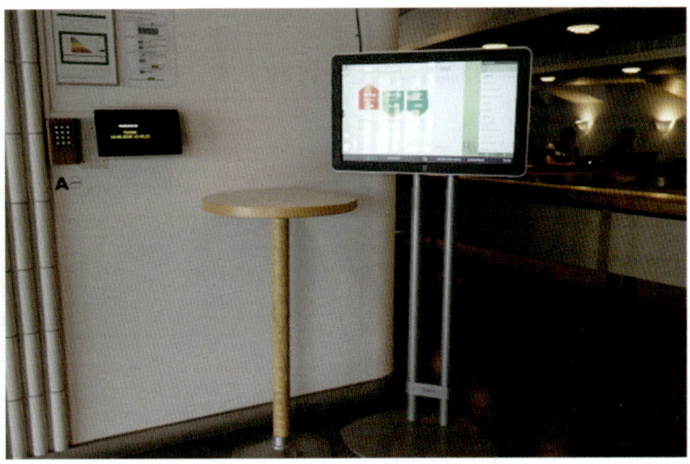

그림 50. Aalto 건물로비의 디스플레이 스크린

그림 51. UoM의 지열에너지 교육용보드

### 7) 연말휴무제

FU의 연말휴무제란 크리스마스부터 신년 연휴까지 2주간, 정전이 불가한 특수시설을 제외한 대학건물 전체의 전기를 차단하여 에너지를 절약하는 것이다. 이 프로그램으로 절약된 비용은 2012년말 32만유로(4억2천만원), 2013년말 36만유로(4억7천만원), 2014년말 32만5천유로(4억3천만원)나 된다.

이러한 프로그램은 우리나라에서 명절연휴에 현실적으로 도입가능할 것으로 생각된다. 연휴기간 중 건물별로 소수의 사용자를 위해 복도 전체에 조명이 켜진 경우를 쉽게 볼 수 있는데, 정전이 불가한 특수 실험실 등을 제외하고, 연휴기간에 학교를 이용하고자 하는 구성원을 위해서는 알토대학교의 자유활용 24시간 개방건물의 개념을 도입하여 이 기간에 사용가능한 건물 하나를 지정하면 된다.

## 2.2 건물과 커뮤니티

앞서, 그린캠퍼스는 지구온난화 방지를 위한 온실가스 배출감소, 온실가스 배출감소를 위한 화석에너지 소비감소가 핵심이 됨을 에너지와 탄소배출 범주에서 언급하였는데, 캠퍼스 내에서 에너지가 사용되는 부문은 바로 건물이므로, 건물과 커뮤니티 범주는 건물 에너지감소가 주요 목표가 되며, 그린캠퍼스를 위한 핵심 범주가 된다.

### 1) 캠퍼스 종합계획

조사대상 캠퍼스 종합계획의 원칙은 온실가스 배출감소 및 생물다양성을 고려하는 것이다. 교통 측면에서 자가용보다는 대중교통이나 자전거 이용을 늘이고 캠퍼스 내에서 도보이동이 편리하도록 계획하거나, 대중교통(지하철이나 트램 등)을 유치하기도 한다. 토지이용 측면에서 신재생에너지설비 설치와 녹지확보를 우선하고 있으며, 스마트캠퍼스를 추진하고 있다.

PSU와 FU는 우리나라의 일반적인 캠퍼스와는 달리, 도심지역의 건물들이 캠퍼스를 구성하고 있어서 명확한 영역이 구분되지 않는 캠퍼스로, 하나의 건물이 대학소속의 건물이어도 그 옆 건물은 대학소속의 건물이 아닐 수도 있고 한두 블럭 또는 여러블럭 떨어진 곳에 대학소속의 건물이 위치하기도 하며, 도시도로가 캠퍼스를 통과하는 경우도 많다. 따라서, PSU는 광역 포틀랜드시와 연계하고, FU는 베를린의 도시계획을 근거로 하여, 토지이용에 대한 장기계획을 수립하고 있다.

Aalto는 전체 캠퍼스 범위의 장기종합계획(master planning)과 생물다양성을 고려한 토지이용계획을 하고 있다. 친환경 원칙에 따른 캠퍼스 장기종합계획으로, 대중교통 장려 및 개인차량 이용 억제를 위해 헬싱키 전철을 메인 캠퍼스(오따니에미 캠퍼스)까지 연장시켰으며, 오따니에미 캠퍼스의 중심부에 예술·디자인·건축대학 및 문화상업복합건물(New Väre building), 이 건물과 연결된 대중교통 정거장을 건설 중에 있다(그림 52~53).

UoM은 스마트캠퍼스 프로젝트를 추진하고 있는데, 이는 공간데이터, 성장 기대치, 자원소비데이터를 제공한다. Cisco 무선기술을 통한 위치기반분석을 이용하여 캠퍼스 내에 가장 인원이 많은 곳과 적은 곳을 파악해 혼잡을 줄인다. 이러한 기술의 적용은 건물사용의 수요를 더 잘 이해할 수 있고 에너지를 절약할 수 있으며 건물의 현대화 프로젝트에 정보를 제공한다.

그림 52. Aalto 메인 캠퍼스 중심부에 신축중인 문화상업복합건물

그림 53. Aalto 메인 캠퍼스 중심부 신축건물과 연결된 대중교통 정거장 조감도

### 2) 온실가스 감축을 위한 건물 운영과 정책

조사대상들은 건물 운영과 정책에 온실가스 감축 원칙을 우선으로 한다. PSU는 2003년부터 신축 및 리모델링 건물에 LEED인증 의무정책을 시작하였으며, 학교건물을 그린빌딩으로 설계하기 위한 디자인 기술표준을 가지고 있다(그림 54).

FU는 건물의 친환경인증에는 의미를 두지 않고, 1920년대, 50년대, 70년대 등에 건축된 매우 오래된 15개 학교건물에 대해 에너지소비를 줄이기 위한 리모델링을 지속적으로 추진하고 있으며, 신축시에는 그린빌딩으로 추진하고 있다. 각 건물의 상황에 맞춰 단열, 기밀 등의 건물외피 및 창호 개조, 냉난방 및 환기시스템의 현대화, 공조시스템 개조, 전등 교체 및 자동센서 설치, 온라인 에너지 모니터링시스템 설치, 태양광발전시스템 설치 등을 통해 에너지사용량을 줄이고 있다. 기존 건물의 재료 중 석면 등 건강유해물질을 포함한 재료의 교체를 시행하였다.

Aalto는 에너지효율성 향상을 위해 건물 리모델링을 하고 있고, 에너지관련 웹사이트(openenergy.fi)의 빌딩프로필에 35개 건물의 준공연도, 리모델링시기, 에너지원, 에너지등급, 에너지평가 유무 등의 정보를 파악하여 공개하고 있다(그림 55).

UoM은 모든 신축건물에 호주 그린스타인증을 의무화했고 현행 5스타를 유지하고 2020년까지 6스타로 강화하는 것을 목표로 하고 있다. Parkville캠퍼스는 그린스타커뮤니티 인증을 획득하였으며 2017년 기준 7개의 건물이 그린빌딩인증을 받았다. 친환경 원칙에 따라 대학의 디자인 표준과 가이드라인을 개발하고 모든 캠퍼스개발 프로젝트에 온실가스 제로원칙을 적용하고 있다.

Aalto와 UoM은 친환경성 뿐 아니라 높은 디자인성을 보여주고 있다.

PORTLAND STATE UNIVERSITY
**DESIGN AND CONSTRUCTION STANDARDS**

**TABLE OF CONTENTS**

**01. GENERAL REQUIREMENTS**
- A. SUMMARY REQUIREMENTS
- B. REGULATORY REQUIREMENTS
- C. SUSTAINABLE DESIGN
- D. EXISTING CONDITIONS AND ENVIRONMENTAL ASSESSMENT
- E. FACILITY SHELL PERFORMANCE REQUIREMENTS
- F. CUSTODIAL REQUIREMENTS

**03. CONCRETE**
- A. CONCRETE

**04. MASONRY**
- A. MASONRY

**05. METALS**
- A. STRUCTURAL METALS
- B. ARCHITECTURAL METALS

**06. GENERAL CARPENTRY**
- A. ARCHITECTURAL WOOD CASEWORK
- B. FINISH CARPENTRY
- C. METAL STUD WALLS.

**07. THERMAL AND MOISTURE PROTECTION**
- A. ROOFING
- B. TRAFFIC COATINGS

**08. OPENINGS**
- A. DOORS, RELITES, AND FRAMES
- B. DOOR HARDWARE

**09. FINISHES**
- A. FLOORING
- B. OTHER SURFACES

Revision 0 - May 30th, 2014 TABLE OF CONTENTS

그림 54. PSU의 건축디자인 스탠다드 (첫 페이지)
출처 : PSU(2014). Technical Design Standards.

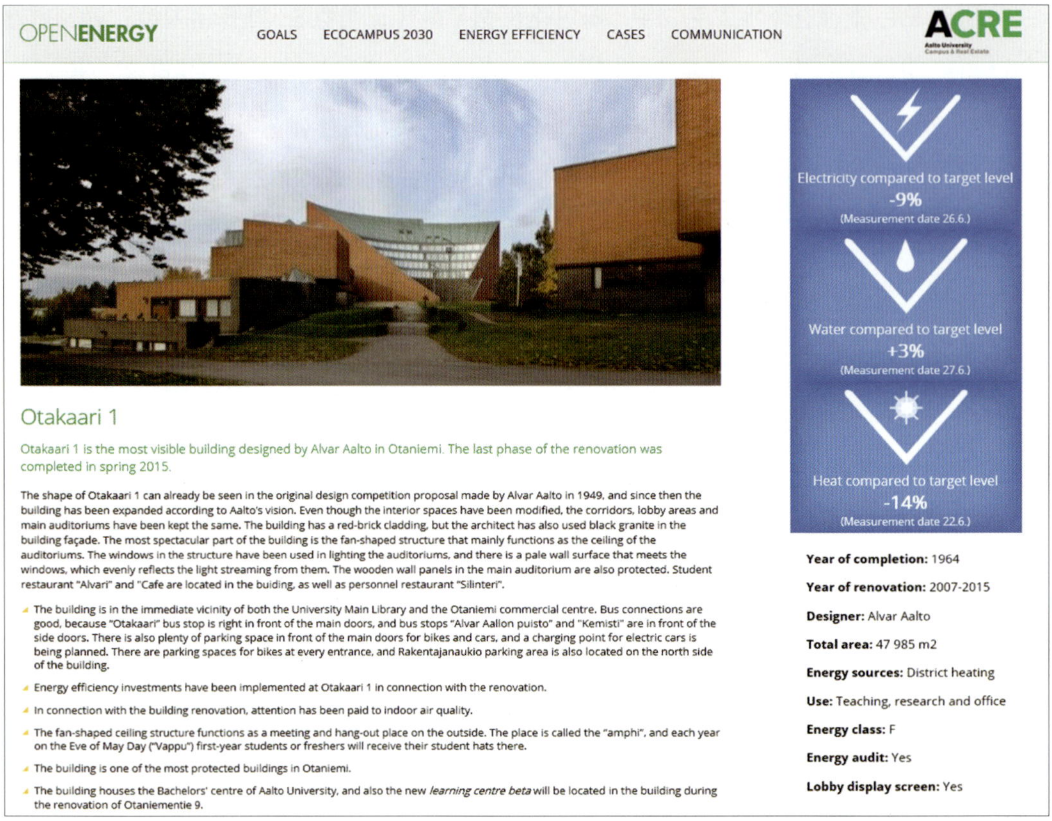

OPENENERGY

GOALS ECOCAMPUS 2030 ENERGY EFFICIENCY CASES COMMUNICATION

ACRE

Electricity compared to target level
-9%
(Measurement date 26.6.)

Water compared to target level
+3%
(Measurement date 27.6.)

Heat compared to target level
-14%
(Measurement date 22.6.)

Otakaari 1

Otakaari 1 is the most visible building designed by Alvar Aalto in Otaniemi. The last phase of the renovation was completed in spring 2015.

The shape of Otakaari 1 can already be seen in the original design competition proposal made by Alvar Aalto in 1949, and since then the building has been expanded according to Aalto's vision. Even though the interior spaces have been modified, the corridors, lobby areas and main auditoriums have been kept the same. The building has a red-brick cladding, but the architect has also used black granite in the building façade. The most spectacular part of the building is the fan-shaped structure that mainly functions as the ceiling of the auditoriums. The windows in the structure have been used in lighting the auditoriums, and there is a pale wall surface that meets the windows, which evenly reflects the light streaming from them. The wooden wall panels in the main auditorium are also protected. Student restaurant "Alvari" and "Cafe are located in the buiding, as well as personnel restaurant "Silinteri".

- The building is in the immediate vicinity of both the University Main Library and the Otaniemi commercial centre. Bus connections are good, because "Otakaari" bus stop is right in front of the main doors, and bus stops "Alvar Aallon puisto" and "Kemisti" are in front of the side doors. There is also plenty of parking space in front of the main doors for bikes and cars, and a charging point for electric cars is being planned. There are parking spaces for bikes at every entrance, and Rakentajanaukio parking area is also located on the north side of the building.
- Energy efficiency investments have been implemented at Otakaari 1 in connection with the renovation.
- In connection with the building renovation, attention has been paid to indoor air quality.
- The fan-shaped ceiling structure functions as a meeting and hang-out place on the outside. The place is called the "amphi", and each year on the Eve of May Day ("Vappu") first-year students or freshers will receive their student hats there.
- The building is one of the most protected buildings in Otaniemi.
- The building houses the Bachelors' centre of Aalto University, and also the new *learning centre beta* will be located in the building during the renovation of Otaniementie 9.

**Year of completion:** 1964
**Year of renovation:** 2007-2015
**Designer:** Alvar Aalto
**Total area:** 47 985 m2
**Energy sources:** District heating
**Use:** Teaching, research and office
**Energy class:** F
**Energy audit:** Yes
**Lobby display screen:** Yes

그림 55. Aalto 웹사이트의 빌딩프로필

### 3) 건물 신축과 그린리모델링 가이드라인

조사대상 모두 건물 신축과 그린리모델링시의 디자인표준 또는 가이드라인을 가지고 있는데, 알토대학교의 경우를 대표적으로 소개한다.

건물 리모델링의 컨셉은 실내공기질, 인테리어와 기계시스템, 에너지소비, 에너지효율성, 공간의 기능성, 유용성, 안전성, 접근가능성 등이 개선될 수 있도록 하는 것이다. 2016년 8월 기준 Aalto의 총 35개 건물 중 12개 건물이 그린리모델링 되었으며, 그린리모델링 요소로는 LED 광원으로 교체, 일조량에 따른 조도조절장치 도입, 상수관과 배수관 교체, 단열성 향상, 에너지절약형 창호로 교체, 일부 공간의 용도변경, 자동화, 환기장치 설치 또는 개선, 빗물저장을 위한 우수관과 투수성포장, 일조를 활용하기 위한 천창 등이 적용되었다(그림 56~59).

그림 56. 에너지절약형 창호로 교체 (Metallimiehenkuja 10)

그림 57. 환기장치 (Rakentajanaukio 4)

그림 58. 투수성포장 (Lämpömiehenkuja 2)

그림 59. 일조를 활용하기 위한 천창 (Otakaari 1)

신축건물을 위한 디자인표준에는 건물의 기능 및 성능 목표와 공간프로그램을 설정하여 제로에너지화되고 보행자를 우선하며 접근가능성이 확보되도록 하였다. 신축건물 중 LEED인증 골드레벨을 받은 오픈 이노베이션 하우스(Open Innovation House, OIH)에 적용된 에너지효율 솔루션은 '환기와 실내공기', '조명', '물', '사용자에게 친환경적 사용을 장려' 4가지다. '환기와 실내공기' 측면에서는 건물의 단열성능을 강화하고 열회수환기시스템을 설치했으며, 건물의 구획 및 층별 재실자 유무에 따라 조절되는 환기시스템, 오염물질없는 마감재료를 도입하였다. '조명' 에너지소비 감소를 위하여 동작감지제어시스템(그림 61)과 일조량에 따른 조도조절장치를 설치하고, 효율성과 내구성을 고려한 조명기구를 선택하였다. 또한, 조명에 필요한 전기에너지를 생산하기 위해 태양광발전패널을 설치하였다(그림 62). '물' 측면에서는 물절약형설비를 설치하고, 분산형 빗물관리로 건물에서 빗물을 저장[13]하고 있으며 건물주변을 투수성 포장하여 일부 유수가 땅 속으로 흡수되도록 하였다(그림 63). 사용자에게 친환경적 사용을 장려하기 위해 효율적이고 가변적인 공간사용을 설계하였으며, 버스정류장을 건물 바로 앞에 배치하였다. 자전거보관소 및 캠퍼스 자전거를 제공하고 있으며, 그 외에도 점심식사를 위해 이동에 소요되는 시간과 에너지 감소를 위해 케이터링 서비스를 제공하고, 중앙집중형 쓰레기분리센터를 설치하였다(그림 65~67).

그림 60. Aalto의 OIH 외관

그림 61. 동작감지제어 조명센서

그림 62. 태양광발전 패널

그림 63. 투수성 포장

13) 분산형 빗물관리란, 비가오면 빗물을 하수로 처리하여 강물의 수위가 상승하게 되는 집중형관리와 달리, 비가 내린 곳에서 빗물이 오염되기 전에 빗물을 저장해두었다가 빗물을 활용함으로써 홍수방지와 지하수 확보에 도움이 되도록 하는 빗물관리방식이다. 건물옥상에 설치하는 에코루프시스템은 그 건물에 내린 빗물이 옥상의 녹화시설에 침투되었다가 서서히 우수관을 통해 빗물저류조에 저장되도록 하는 분산형 빗물관리시설이다.

그림 64. 로비

그림 65. 자전거 보관소

그림 66. 케이터링서비스

그림 67. 중앙집중형 쓰레기분리센터

### 4) 그린빌딩 사례들

조사대상의 그린빌딩 사례들을 소개함으로써, 국내 대학건물의 그린리모델링과 신축 추진시에 도움이 되고자 한다.

■ **PSU의 LEED인증 그린빌딩** (2015년 기준 8개)

● Stephen Epler Residence Hall (그림 68~69)

· LEED-NC Silver 등급

· 2003년 신축, 기숙사

· 신축 전 건물재료의 90% 이상을 재사용 혹은 재활용

· 자연환기

· 에너지사용량을 규정보다 31% 감축

· 건축자재의 54%가 800km 이내에서 생산된 재료

· 저장한 빗물로 변기와 관개에 재사용한 최초시도사례 중 하나

그림 68. 자연환기 가능한 창호

그림 69. 1층의 실내 자전거보관소

● Science Research & Teaching Center (그림 70~71)

· LEED-NC Gold 등급

· 2011년 대규모 리모델링

· 리모델링 이전보다 공기조화량 50% 감축

· 에너지 사용량을 규정보다 20% 이상 감축

· 무독성 마감

· 옥상에 태양광패널과 에코루프 결합기술의 효과파악을 위한 연구시설

그림 70. 외관

그림 71. 자연채광도입

● Lincoln Hall (그림 72~73)

· LEED-NC Platinum 등급

· 2011년, 클래식 양식의 외관을 보존하는 리모델링, 음악대학건물

· 건축폐기물의 75%를 매립하지 않고 다른 용도로 사용

· 옥상에 태양광발전설비 설치

· 자연채광 도입 등 에너지절감요소 도입

· 리모델링 이후 연간 $41,341의 에너지비용 절감

그림 72. 클래식양식의 외관을 보존

그림 73. 자연채광 도입

● Academic & Student Recreation Center (그림 74~77)

· LEED-NC Gold 등급

· 2009년 신축, 운동시설

· 연간 $114,370의 에너지비용 절감

· 건축폐기물의 95%를 매립하지 않고 다른 용도로 사용

· 빗물 재사용 설비

그림 74. 외관
여름을 제외하고는 비가 오는 기후에 맞게 북향으로 설계

그림 75. 남향창
남향창에 일조조절장치 설치

그림 76. 사용자가 운동하면 에너지를 생산하는 ReRev 기술의 운동기구 설치

그림 77. 에코루프

● Biology Research Greenhouse (그림 78~79)

· LEED-NC Silver 등급

· 2008년 신축, 연구용 온실

· 국가 에너지규정보다 38% 감축

· 물사용 44% 감축

· 사무면적의 90% 이상에서 외부조망 가능

· 국제산림관리협의회 산림경영인증 수납장 설치

그림 78. 외관

그림 79. 인증마크

● Shattuck Hall (그림 80~81)

· LEED-NC Gold 등급

· 2010년 클래식 외관을 살린 리모델링, 건축학과건물

· 국가 에너지규정보다 19% 감축

· 복사냉난방 패널

· 자연광의 적극적 활용

그림 80. 클래식 외관과 Clean air corridor 표시

그림 81. 건물 뒷편의 Living Laboratory

● Broadway Residence Hall (그림 82~84)

· LEED-NC Silver 등급

· 2004년 신축, 기숙사

· 음용수 소요량을 규정보다 20% 절감

· 건축폐기물의 92%를 매립하지 않고 다른 용도로 사용

· 포틀랜드시에서 가장 넓은 에코루프

그림 82. 외관.
건물앞에 대중교통인 MAX(트램) 정류장이 있다.

그림 83. 에코루프

그림 84. 자유이용 컴퓨터실

● Engineering Building (그림 85~86)

· LEED-NC Gold 등급

· 2004년 신축

· 에너지 사용량 45% 감축

· 음용수 소요량을 규정보다 44% 절감

· 건축폐기물의 95%를 매립하지 않고 다른 용도로 사용

· 지열냉난방

그림 85. 외관

그림 86. 자유이용 로비

## ■ FU의 빌딩프로필

● 아르님알레14 (Arnimallee 14 ; Institute of Physics) (그림 87~88)

· 1983년 완공

· 2006년부터 다양한 에너지절약 조치 시행 : 난방시스템과 환기시스템의 현대화, 공기조절시

스템 리모델링, 온라인 에너지모니터링 시스템 배포 및 설치

· 2008년 태양광발전시스템 최초 설치

그림 87. 유리면일부 녹화
서향의 햇빛차단과 단열효과

그림 88. 옥상의 태양광발전시스템

● 아르님알레3/5/7 (Arnimallee 3/5/7) (그림 89)

· 1969~1970년 완공

· 2003~2004년 난방시스템 현대화, 창호교체, 건물파사드 리모델링

· 태양광발전시스템으로 전력생산

● 파벡슈트라세 32 (Fabeckstraße 32 ; ZEDAT) (그림 90)

· 1987년 완공

· 2010~2011년 파사드, 창호, 지붕, 서버룸의 에너지공급, 냉방시스템 등을 리모델링

· 2010년 태양광발전시스템 설치

· 각 건물에 있던 IT시스템을 이 데이터 프로세싱 센터에 집중설치하여 에너지효율성 제고 프로젝트 실행완료

그림 89. 외부셔터

실내 블라인드는 일조(태양빛)조절은 가능하지만 일사(태양열)는 유입되는데 반해, 외부에 설치하면 빛과 열이 동시에 조절된다.

그림 90. ZEDAT의 IT시스템

● 파벡슈트라세34-36 (Fabeckstraße 34 - 36 ; "Chemistry building") (그림 91~92)

· 1960~1963년 건설

· 건물자체의 노후와 기술설비의 노후화에 따른 에너지소비가 큰 건물

· 냉방시스템 교체로 물 사용량 감소

· 2007년 ISO 14001인증

· 2010년 온라인 에너지모니터링 시작

그림 91. 외관

그림 92. 외부 블라인드

● 그루네발트슈트라세35 (Grunewaldstraße 35 ; Institute of Theatre Studies) (그림 93)

· 2004년 리모델링을 통한 난방시스템 현대화 및 석유에서 천연가스로의 전환

· $CO_2$ 배출량 1년에 약123t 감소

● 하벨슈베르터알레45; 로스트라우베 (Habelschwerdter Allee 45 ; "Rostlaube") (그림 94)

· 1967~1973년 건설

· 하나의 건물군으로 연결되어 있는 로스트&질버라우베

: 1990년대 후반 8년에 걸쳐 외피개조(녹 제거, 외피와 지붕 단열), 석면제거, 창호교체

· 지붕에 넓은 면적의 녹지 조성하여 단열효과, 미기후 조절, 방수면적의 감소

· 2003년 난방시스템의 유압평형(hydraulic balancing of the heating system)

· 온도조절밸브 교체, 일부 라디에이터 교체

· 1999~2007년의 대규모 리모델링으로 2000년 대비 난방사용량 26%이상 감소

· 태양광발전시스템 설치로 연간 87,000kWh의 전력생산

· 약 1/3의 태양광발전시스템이 학생프로젝트 UniSolar의 자금조달을 받음

● 질버라우베 (Silberlaube) (그림 95)

· 1978년 건설

· 조명 현대화

: 2012년에 지역환경보호 프로그램의 지원으로 공공장소의 조명 현대화

: 화장실 자동센서 설치로 점등시간 1060h/y 에서 424h/y로 감소

: 조명 현대화로 동일 조도 대비 130MWh 절약, 1년에 $CO_2$ 약 75.8톤 감소

· 태양광발전시스템

: 대학 내 모든 태양광발전시스템 중 50%가 이 건물에 존재

: 이 건물에서 사용하는 전기의 15%를 공급

· 옥상정원, 건물주변 집중식재로 여름철 자연냉방효과

· 160,000유로를 투자해서 난방시스템의 현대화, 환기시스템과 조명을 최적화하여 난방열과 전력 감소 : 투자회수기간(ROI): 2005년 기준 2.2년, 2010년 기준 1.6년

그림 93. 외부블라인드와 내부블라인드가 설치된 개폐 가능한 창호시스템

그림 94. 로스트&질버라우베의 태양광패널

그림 95. 조명 현대화

● 코저슈트라세20 (Koserstraße 20) (그림 96~97)

· 1963~1968년 건설

· 1990년대 광범위한 리모델링

· 난방시스템 현대화와 지붕단열, 환기시스템 리모델링과 에너지절약 인센티브제도에 의한 건물의 연간 난방사용량 40% 이상 감소(2001년~2012년)

· 2012년 태양광발전시스템(93kWp) 설치로 건물 총 전력사용량의 약 10%를 충족

그림 96. 외관

그림 97. 강의실 난방시스템

● 쾨니긴-루이제-슈트라세12-16 (Königin-Luise-Straße 12-16 ; Plant Physiology) (그림 98)

· 1962~1970년 건설

· 2004~05년에 난방시스템의 기술적인 최적화

· 2007~08년에 환기시스템의 부분적 개조

● 쾨니긴-루이제-슈트라세2-4 (Königin-Luise-Straße 2-4 ; Institute of harmacy) (그림 99)

· 1960~1966년 건설

· 1990년대말 리모델링에 따른 건물의 난방사용량 50% 감소

· 다양한 조치의 결과로 물 사용량이 감소하여 현재는 연간 약 3,500㎥수준

그림 98. 계단실의 천창

그림 99. 라인조명

● 뤼데스하이머 슈트라세54-56 (Rüdesheimer Straße 54-56) (그림 100)

· 1929~1930년에 건설

· 1978년에 FU에 양도됨

· 2004년 난방시스템의 현대화로 건물 난방사용량의 약 40% 감소

· IT시스템의 최적화와 난방시스템의 현대화에 따라 2012년 에너지 관련 $CO_2$배출량이 2002년 대비 약35% 감소

● 타쿠슈트라세3 (Takustraße 3) (그림 101)

· 1975~1978년 건설

· 물과 난방 사용량 면에서 가장 에너지를 많이 사용하는 건물 중 하나
: 대학교 전체 에너지비용의 약 1/12이 사용됨

· 난방, 환기시스템의 현대화, 온라인 에너지모니터링, 2007~08년 에너지절약 인센티브제도 도입으로 인한 전력과 물 사용량의 감소

● 타쿠슈트라세9 (Takustraße 9) (그림 102~103)

· 1991~1993년 건설

· 에너지효율 향상을 위해 서버쿨링시스템의 최적화를 포함한 조치들의 시행

· 분산된 지역으로부터 이 건물로 서버가 이전되어, 전기사용량이 실제로는 증가했지만 데이터 프로세싱 센터의 현대화로, FU의 IT기반산업을 위한 에너지사용량이 전체적으로 최적화됨

· 키친을 포함한 학생 휴게실은 24시간 이용되고 있음

그림 100. 이중창 설치

그림 101. 환기시스템

그림 102. 학생 휴게실

그림 103. 학생휴게실의 키친

● 반트-호프-슈트라세8 (Van't-Hoff-Straße 8 ; Main law building) (그림 104)

· 1957~59년 건설

· 2004~05년의 난방시스템 최적화, 2009-10년의 건물외피와 도서관 리모델링, 에너지절약 인센티브제도 시행을 통해 2003년 이후 건물 난방사용량의 약 70% 감소

· 2003년 대비 2012년 $CO_2$ 배출량 약 45%(300t) 감소

그림 104. 고측창

- 노이바우 필로로기셰 비블리오테크 (Neubau Philologische Bibliothek) (그림 105~107)
  - · 2005년 노먼 포스터 설계
  - · 바람과 태양 에너지를 활용하는 냉·난방, 환기 시스템
    : 여름에는 이중바닥을 통해 신선한 외기가 들어오고, 외피 사이에 멤브레인을 설치하여, 이를 통과한 신선한 외기도입, 온도조절은 시멘트 코어 템퍼링 시스템(Cement core tempering system)을 사용

그림 105. 외관

그림 106. 내부모습

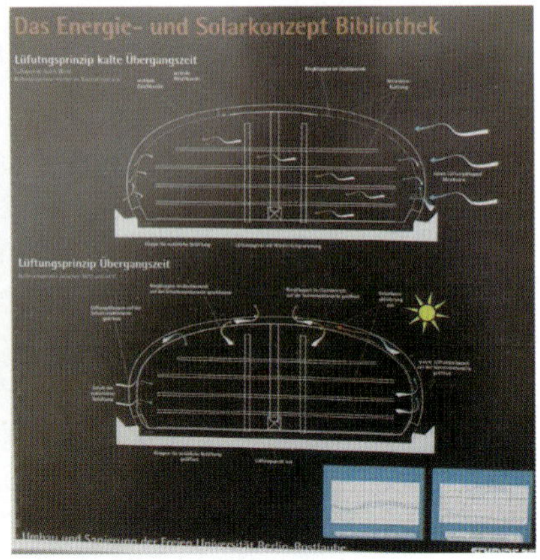


그림 107. 건물의 자연에너지 설명문

## ■ UoM의 인증 그린빌딩

### ● The spot (그림 108~113)

· 5 Star Green Star

· 에너지 : 외피의 50%에 frit-a vitreous substance(채광은 최대화하지만 태양열 획득은 최소화하는 유리) 사용 → 투명유리에 비해 냉방부하 연15% 감축

· 운영 : 100% 깨끗한 공기, 작업공간의 개별온도제어, 오염물질저방출 페인트, 카펫, 밀폐제 사용으로 학생건강과 교육성과 향상에 기여

· 교통 : 대중교통 허브와 가까운 위치, 자전거이용자용 샤워시설과 자전거랙

· 물 : 물 사용량의 83% 감축, 오수 재활용시스템

· 토지이용과 생태 ; 기존 대지의 재사용

· 학생라운지(휴식과 학습 용도)에 쉽게 분리할 수 있는 모듈러 파티션 설치

그림 108. 외관

그림 109. 외피재료

그림 110. 건물앞 버스정거장

그림 111. 오염물질저방출 카펫

그림 112. 폐수정화시설

그림 113. 학생라운지

● Arts west (그림 114~118)

· 증축 리모델링, 5 Star Green Star

· 새건물의 일부는 1960년대 지어진 이전 건물의 재활용 자재를 사용

· 건축 전과정에 실내공기질 관리계획을 적용

· 100% 외부공기를 도입하는(재사용공기 제로) 실내공기질 관리

· 조망을 위한 고투명도 유리 및 눈부심 방지를 위한 블라인드

· 강의음 명료도를 고려한 디자인, 건물설비음에 의한 방해 최소화 설계

· 호주건축법 대비 30% 적은 온실가스배출을 목표로 함

· 객체기반학습(Object-based learning)을 위한 공간구성

그림 114. 외관

그림 115. 로비

그림 116. 고투명도 유리 및 블라인드외관

그림 117. 흡음천장재

그림 118. 객체기반학습을 위한 전시공간

그림 119. 외관

그림 120. 보이드디자인의 로비

● MSD (그림 119~120)

· Melbourne School of Design : 건축학과 건물

· 6 Star Green Star

· 클래식디자인의 건물에 현대적 디자인의 건물을 증축

· LED조명 확대적용

· 집성목재빔을 활용한 보이드 디자인

· 750,000리터의 빗물탱크

· 국제친환경디자인상(internal green design award)을 수상한 유일한 호주건물

● Leicester st, student accommodation (그림 121~128)

· 648베드의 학생기숙사, 5 Star Green Star

· 동일한 학생수를 수용하는 유사 기숙사 대비 에너지비용 50% 감소

· 고단열벽체와 투명창호시스템, 고효율기기 설치

· 태양광발전패널

· 온도센서에 의해 자동개폐되는 시스템 창호를 맞통풍 가능하도록 복도 양쪽에 배치

· 로비에 에너지사용량 정보스크린, 로비의 자전거보관소

· 분리수거 집하장, 빗물탱크

그림 121. 외관

그림 122. 옥상의 태양광패널

그림 123. 자동환기시스템 창호

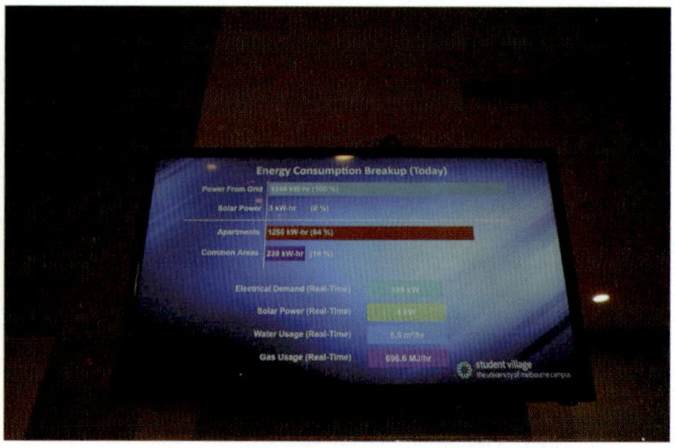


그림 124. 에너지사용량 정보스크린

그림 125. 로비의 자전거보관소

그림 126. 분리수거 집하장

그림 127. 빗물저장탱크

그림 128. 로비

● The Elisabeth Murdoch (그림 129~131)

· 리모델링 4 Star Green Star

· 자연채광, 자연환기 디자인

· 태양열온수시스템

· 변기세정수에 중수사용

· 재활용 재료가 포함된 오염물질저방출 카펫, 오염물질 무방출 보드

· 재사용 또는 재활용 재료가 사용된 워크스테이션 시스템

그림 129. 외관

그림 130. 천창

그림 131. 오염물질 무방출 보드

## 2.3 물관리

조사대상들의 물관리 목표를 종합하면 크게 세가지 측면이다. 하나는 분산형 빗물관리로서 이는 홍수방지와 수돗물절약을 위해 빗물이 내린 곳에서 빗물을 저장하고 저장된 빗물을 이용하는 것이다. 두 번째는 캠퍼스의 생물다양성과 녹지관리를 위한 관개시설, 세 번째는 구성원의 건강 및 편의, PET병 사용억제를 위한 식수대 설치와 관리이다.

### 1) 물관리 및 관개 프로젝트

PSU의 물관리도 크게 세가지 측면이다. 빗물저장 및 활용을 위한 시설과 관개시설, 캠퍼스에서 발생되는 폐기물 중 페트병을 줄이고 구성원의 건강증진을 위해 탄산음료 섭취를 줄이기 위한 음용수 시설이다.

빗물저장시설은 빗물이 도로에 고이거나 하수로 한꺼번에 흘러가지 않도록 하는 식물박스(그림 132), 투수성 포장, 빗물을 사용하는 수(水)공간(그림 133), 건물에 내리는 빗물을 그 건물에서 저장하기 위한 그린루프 등이다. 그린루프(그림 134)는 빗물저장 기능 외에 옥상수명의 연장, 건물 단열, 옥상을 개방하는 경우 휴식공간으로 활용 등의 다양한 기능을 한다.

PSU는 이러한 빗물관리계획 보고서를 작성하여 홈페이지에 공개하고 있으며(그림 135), 학생들이 앉아서 책읽고 쉬는 잔디발 밑에 바이오스웨일(bioswales; 빗물의 오염물질을 걸러서 저장하기 위한 장치)이 매립되어 있는 경우에는 이를 설명하는 보드를 설치하였다(그림 136).

그림 132. PSU의 식물박스

그림 133. PSU의 빗물을 사용하는 수공간

그림 134. PSU의 브로드웨이 기숙사 그린루프

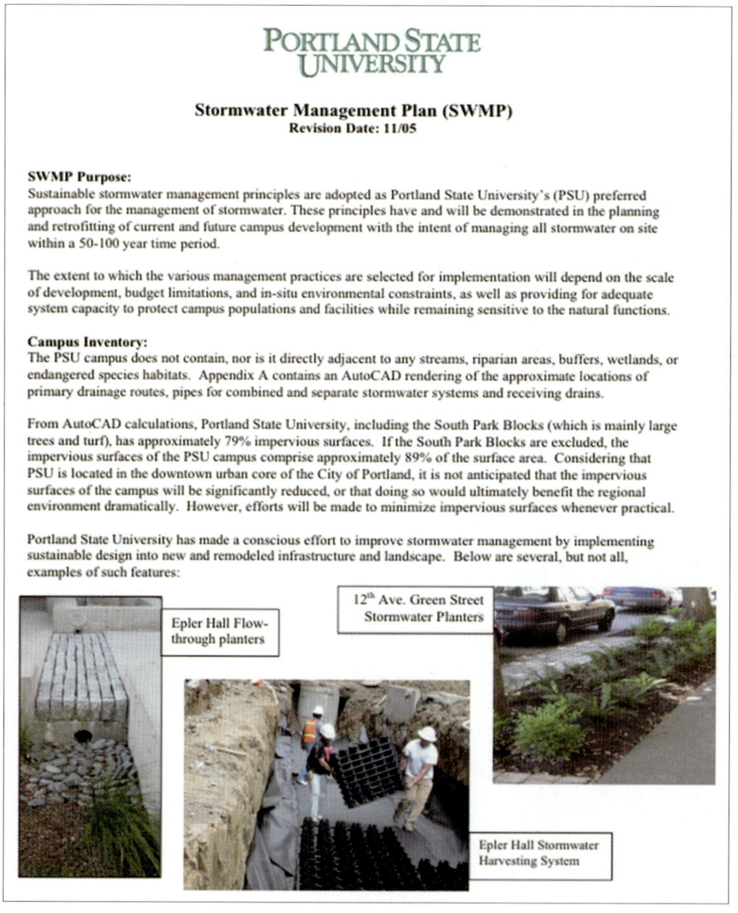

PORTLAND STATE UNIVERSITY

**Stormwater Management Plan (SWMP)**
**Revision Date: 11/05**

**SWMP Purpose:**
Sustainable stormwater management principles are adopted as Portland State University's (PSU) preferred approach for the management of stormwater. These principles have and will be demonstrated in the planning and retrofitting of current and future campus development with the intent of managing all stormwater on site within a 50-100 year time period.

The extent to which the various management practices are selected for implementation will depend on the scale of development, budget limitations, and in-situ environmental constraints, as well as providing for adequate system capacity to protect campus populations and facilities while remaining sensitive to the natural functions.

**Campus Inventory:**
The PSU campus does not contain, nor is it directly adjacent to any streams, riparian areas, buffers, wetlands, or endangered species habitats. Appendix A contains an AutoCAD rendering of the approximate locations of primary drainage routes, pipes for combined and separate stormwater systems and receiving drains.

From AutoCAD calculations, Portland State University, including the South Park Blocks (which is mainly large trees and turf), has approximately 79% impervious surfaces. If the South Park Blocks are excluded, the impervious surfaces of the PSU campus comprise approximately 89% of the surface area. Considering that PSU is located in the downtown urban core of the City of Portland, it is not anticipated that the impervious surfaces of the campus will be significantly reduced, or that doing so would ultimately benefit the regional environment dramatically. However, efforts will be made to minimize impervious surfaces whenever practical.

Portland State University has made a conscious effort to improve stormwater management by implementing sustainable design into new and remodeled infrastructure and landscape. Below are several, but not all, examples of such features:



그림 135. PSU 빗물관리계획

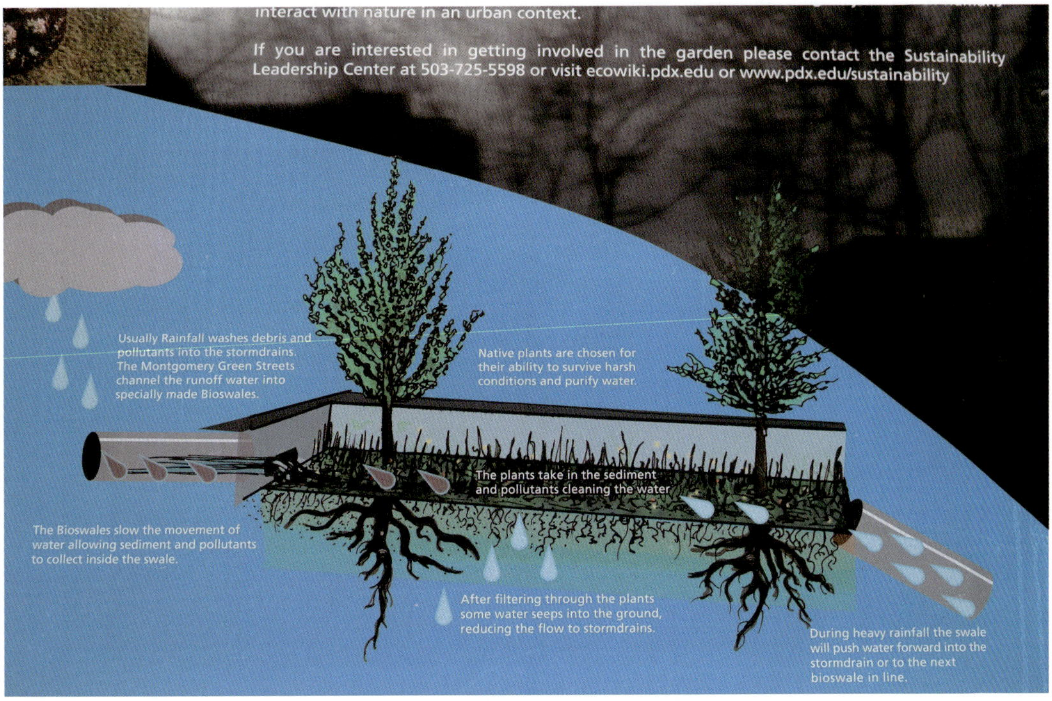


그림 136. PSU의 바이오스웨일 안내보드

FU의 물관리는 캠퍼스 환경관리의 중요한 부분으로, 물소비와 폐수처리(연간 175,000m$^3$정도) 등의 물관리 비용은 매년 약 1백만유로 정도이다. FU의 물 소비는 2004년 이후 1/3까지 감소했다. 이는 예를 들어, 물을 적게 사용하거나 물을 사용하지 않는 변기(그림 137) 또는 냉방시스템의 현대화를 통해 이루어졌다. 교내 건물들의 폐수규정은 베를린의 수도공급자의 정기적인 조사에 의해 준수되도록 관리되고 있다.

독일의 우수세 등의 정책에 따라, 우수 집수관과 저장장치를 설치하여 운영하며(그림 138), 습지(Swales)를 설치하여 다양한 위치에서 빗물이 땅속으로 스며들게 하여 생태적, 경제적으로 활용할 수 있도록 하고 있다[14].

14) 물관리와 관련된 독일의 상·하수도 행정당국은 세계 최고의 상수도 요금체계를 유지할 뿐만 아니라 지표수로의 빗물 배출을 금지하는 규정을 두어 빗물의 유출부담금을 부과함으로써 빗물을 적극적으로 활용하도록 유도하고 있다(이승복, 2004)[17].

그림 137. FU의 물절약 소변기와 안내문

그림 138. FU의 빗물 저장 및 재활용 장치

Aalto는 물소비량을 데이터화하고, 지하수, 여과시스템, 생물정화시스템 등을 통해 물 사용 및 관리를 하고 있으며, 개별건물에서 빗물을 저장, 사용하는 분산형 빗물관리를 추진하고 있다 (그림 139~140).

그림 139. Aalto의 물관리를 위한 여과시스템

그림 140. Aalto의 물관리를 위한 생물정화시스템

UoM의 물관리 범주로는 물의 양과 질의 보존, 분배, 집수, 측정 및 모니터링을 포함한 물관리 프로젝트를 추진 중이고(그림 141~143), 분배네트워크(Parkville purple pipe)(그림 144)를 구축하여 수집된 물의 사용을 가능하게 한다. 또한 관개프로젝트를 추진하여 관수시설을(그림 145) 설치하고 관개스케줄(시간과 양)을 조정하며 관개 통제시스템을 자동화했다.

건물에서의 물사용량 감소를 위해 물절약형 변기, 절수형 수도꼭지, 센서형 자동수전, 자동세척변기 등을 채택하고 있다(그림 146).

그림 141. 그린루프

그림 142. UoM의 빗물 재사용 사례

그림 143. UoM의 빗물탱크

그림 144. UoM 분배네트워크(Parkville purple pipe)

그림 145. UoM 관수시설

그림 146. UoM의 절수형 수전

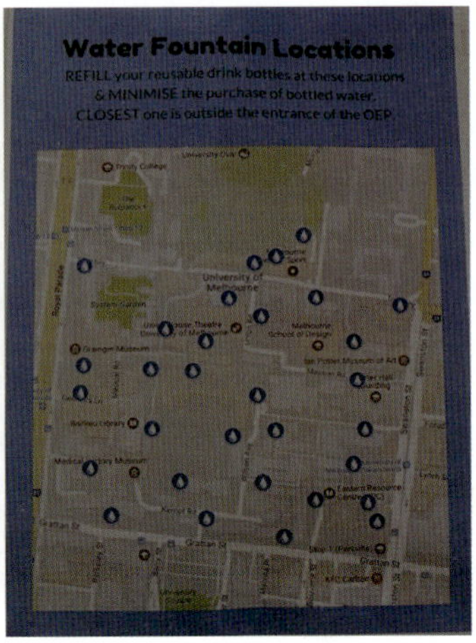


그림 149. UoM의 식수대 지도

2) 식수대 설치와 맵 제작공개

PSU, FU, UoM은 외부공간과 건물의 층마다, 구역마다 식수대가 설치되어 있으며(그림 147~148), UoM은 식수대 맵을 제작해 홈페이지에 공개하고 있다(그림 149).

Aalto는 교내 수돗물이 식수음용기준에 적합하여, 구성원이 본인의 물병에 수돗물을 담아 음용하는 모습을 볼 수 있다.

그림 147. PSU의 음용수 시설

그림 148. UoM의 실외 음용수 시설

## 2.4 생물다양성

조사대상들은 토지이용 계획 및 캠퍼스 디자인 단계에서 건강한 생태계의 캠퍼스가 조성될 수 있도록 고려하고, 가급적 녹지를 확보하고, 구성원이 이용할 수 있는 그린스페이스를 조성하고, 캠퍼스의 생태환경을 조사연구하고 캠퍼스 내의 동식물 인벤토리를 수립하며, 생태문화를 교육하고 생태문화가 확산될 수 있는 프로그램을 운영하며, 보행로를 계획하고 관리한다.

### 1) 생물다양성을 고려한 캠퍼스 계획과 디자인

PSU는 캠퍼스 전체 토지이용에 대해 장기적으로 계획하고, 종합 해충관리계획(그림 150), 살충제사용 감소계획, 친환경 보행자 통행로 조성(그림 151), 토종이나 가뭄에 견디는 식물종 우선 식재를 추진하고 있다.

그림 150. PSU의 종합 해충관리계획 2012

그림 151. PSU의 친환경보행로

UoM은 호주의 강력한 자연보호정책에 따라 생물다양성 범주를 매우 중요하게 추진하고 있다. 생물다양성 관리계획을 수립하고, 생물다양성을 고려한 캠퍼스 디자인을 추구하고 있다. 또한 캠퍼스 관리에 있어서 화학물질 사용을 최소화하고 있다.

### 2) 그린스페이스 조성

PSU는 커뮤니티 가든, 파크블록 등을 조성하고 관리하고 있고 홈페이지에서 맵을 볼 수 있다(그림 152). 커뮤니티 가든은 단순한 그린스페이스를 넘어 구성원들이 봉사하는 장소가 되고(그림 153), 캠퍼스 내 파크블록에서는 매주 토요일 오전에 생산자와 소비자의 직거래 장터인 포틀랜드 파머스 마켓이 열림으로서 대학이 지역사회에 봉사하는 장소가 된다(그림 154).

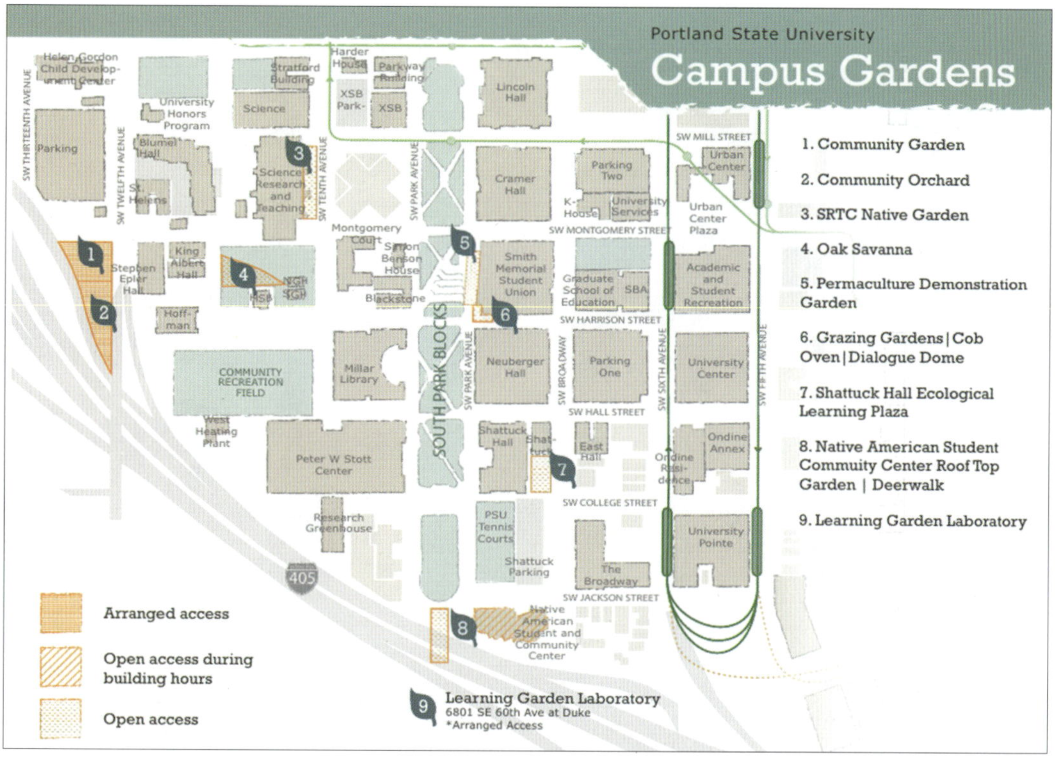


그림 152. PSU의 캠퍼스 가든 맵

그림 153. PSU의 커뮤니티 가든

그림 154. PSU의 파크블록에서 열리는 파머스 마켓

FU에서는 캠퍼스에 녹지를 확보하는 차원에서, 그리고 캠퍼스 구성원들의 건강중시 차원에서, 햇빛을 받으며 식사나 휴식을 취하거나 산책할 수 있는 옥외공간 조성을 매우 중요시하여, 그린코너라 부르는 11개의 옥외공간이 조성되어 있고 홈페이지에도 소개되어 있다. 그린코너는 UNICA Green 멤버 대학교[15)]들의 캠퍼스에서 모두 볼 수 있다. 캠퍼스의 공원, 가든, 호수 등에서부터 옥상 정원, 기념물까지, 대학교의 그린코너들은 공적인 그린 공간이 되어 지역 주민들이 여가시간에 사용할 수 있고, 도시의 주요 랜드마크가 된다 (http://green.unica-network.eu/green-corners).

15) UNICA GREEN (UNICA Green Academic Footprint, UGAF)은 로마에서 열린 UNICA 학생 컨퍼런스 2010의 참가자 주도로 2011년에 형성된 이티셔티브이다. 대학의 그린캠퍼스 전략을 교환하고 논의하며 해마다 워크샵을 개최하여 관계자들이 정보를 교류할 수 있는 장을 제공한다. 전략적 도구, 환경경영시스템 및 친환경오피스, 학생의 참여 및 봉사 활동의 일상업무에 관한 모범사례이다(UNICA GREEN, http://green.unica-network.eu). UNICA(Network of Universities from the Capitals of Europe)는 1990년대 설립되었으며 35개 유럽국가의 46개 대학이 가입하였다. 매년 1회의 총회, 4~5회의 운영위원회, 1회의 국제관계임원회의를 통해 운영되며, 유럽 주요 국가들의 대학교가 사회적인 이해, 국제적인 협업, 지속가능한 개발 등을 위하여 서로 협력할 수 있도록 도와주는 커뮤니티이다(UNICA, http://www.unica-network.eu/page/unica-glance).

● 달렘 보태니컬 가든(Dahlem Botanical Garden) (그림 155)

- FU 달렘 캠퍼스에서 도보로 이동가능한 거리의 베를린 남서부에 위치한 식물원
- 전체면적이 43 헥타르 이상이고 약 2만종 이상의 야생식물이 서식중
- 세계에서 가장 크고 중요한 식물원 중 하나이며, 베를린의 주요 관광지로 꼽힌다.

그림 155. FU 달렘 보태니컬 가든

● 컴퓨터과학과 건물의 앞마당과 정원(Institute for Computer Science ; Forecourt und courtyard) (그림 156)

- 앞마당은 휴식공간으로 이용되는 잔디밭
- 유리지붕과 다양한 종류의 대나무 등으로 건물에서 바로 연결되는 온실을 조성하여 학생카페, 동아리실, 실습실 등과 인접한 휴식장소로 제공

● 타쿠슈트라세/파벡슈트라세 (Takustraße/Fabeckstraße) (그림 157)

· 건물 사이 지름길은 두 건물 사이의 잔디를 통과

· 두 건물 사이의 잔디와 목초지는 휴식공간으로 사용

그림 156. 컴퓨터과학과 건물의 온실

그림 157. 타쿠슈트라세/ 파벡슈트라세 건물 사이의 숲

● 오토-폰-지몬-슈트라세/파벡슈트라세 (Otto-von-Simson-Straße/Fabeckstraße) (그림 158)

· Otto-von-Simson-Straße와 Fabeckstraße의 교차부분의 작은 숲

· 구성원이 무료로 사용가능한 비치발리볼 코트

● 구내식당 멘사의 외부공간(Outside area of the canteen Mensa II) (그림 159)

· 구내식당 외부공간에 식사가능한 테이블 설치

그림 158. Otto-von-Simson-Straße와 Fabeckstraße의 교차부분의 작은 숲

그림 159. 구내식당 멘사의 외부공간

● OSI/개리슈트라세 55 (OSI/Garystraße 55) (그림 160)

· Otto Suhr Institute와 Garystr. 55 사이의 작지만 매력적인 그린코너

· 야외 수업, 세미나 등이 가능함

그림 160. OSI/개리슈트라세 55

● 연극영화과 뜰 (Theatre courtyard) (그림 161)

· 사회활동 장소로 활용, 예술작품 전시

· 작은 원형경기장은 행사 등에 이용

그림 161. 연극영화과 뜰

● 로스트라우베와 질버라우베(Rost- and Silberlaube) (그림 162~163)

· 중정과 옥상테라스가 있음

그림 162. 로스트라우베와 질버라우베 중정

그림 163. 로스트라우베와 질버라우베의 테라스

● 학생 목초지(Student meadow) (그림 164)

· 캠퍼스 남쪽에서 북동쪽으로 굽어있는 목초지

· 여가성 증진을 위한 Landscape 개념의 리뉴얼

그림 164. 학생 목초지(Student meadow)

● 뒤펠 캠퍼스(Düppel Campus) (그림 165)

· FU 메인 캠퍼스와는 별도 캠퍼스로서 목장을 포함하고 있음

· 건물 사이에 녹지를 조성하여 학생들의 휴식장소로 이용

그림 165. 뒤펠 캠퍼스 교내식당 외부공간

● 랑크비츠 캠퍼스(Lankwitz Campus) (그림 166)

· 1948년부터 FU에 의해 사용되는 별도의 캠퍼스

· 녹지와 공원 개발을 기초로 조경을 계획

· Swales(습지) 조성

그림 166. 랑크비츠 캠퍼스의 눈 덮인 습지

Aalto는 학생과 직원을 위한 디케잉 우드가든(decaying wood garden)을 포함한 캠퍼스가든을 조성하고, 방대한 면적의 자작나무숲(그림 167)과 습지, 교내에서 연결되는 바다에 보트 선착장(그림 168) 등 인공적인 녹지확보가 아닌 천연의 자연환경이 보존되고 있는 캠퍼스이고, 천연기념물도 볼 수 있다(그림 169).

그림 167. Aalto 교내 자작나무숲

UoM은 멜버른 다운타운에 위치한 캠퍼스임에도 천연의 자연을 보존하고 관리하며(그림 170) 커뮤니티 가든을 조성하여 연구와 교육과 연결시키고 있으며 가뭄에 잘 견디는 잔디를 식재하는 등 그린스페이스 조성에 주력하고 있다.

이 두 캠퍼스의 그린스페이스는 생태조사연구, 생태문화 확산에서 더 자세히 소개한다.

그림 168. Aalto 교내에서 연결되는 바다

그림 169. Aalto 교내에 서식하고 있는 천연기념물

그림 170. UoM 캠퍼스에 서식하는 동물을 보호하는 조치

### 3) 캠퍼스의 생태환경 조사연구 및 인벤토리 수립

UoM의 시스템가든은 1856년 설립 당시에는 식물학과 학생들의 교육을 위해 설립되었으나, 열대우림정원과 온실을 포함해서 식물의 진화를 보여주며 다양한 생물종을 보존하고 있는 생물다양성 측면의 대표적 시설이다(그림 171). 시스템가든은 살아있는 식물의 수집본을 제공하고, 식물표본실은 연구와 교육에 활용하기 위해 보존된 데이터기반의 수집본을 제공한다.

동물생명공학센터 소속의 교수를 책임자로 하여 양봉(Beekeeping)을 하고 있고(그림 172), 구성원에게 양봉에 대해 교육시키며 지속적으로 연구가 이루어지고 있다[16]. 대학에서 양봉되는 벌의 추적연구 결과 멜버른시에서 꽤 먼 곳까지 날아가 수정을 하는 것으로 나타났다.

UoM은 캠퍼스 내 생물종 베이스라인 데이터 및 인벤토리를 구축하였고, 홈페이지에 캠퍼스 내 식물종데이터를 공개하였으며(그림 173), 2017년 3월 '생물다양성 관리계획'에 따라 '살아있는 실험실로서의 캠퍼스'를 개발하였다. 이 계획은 국가의 '생물다양성 보존정책'과 '환경보호 및 생물다양성보존법', 빅토리아주(州)의 생물다양성 계획, 멜버른시의 도시생태 및 생물다양성 전략초안과 적용가능한 다른 지방정부의 정책을 준수한다.

그림 171. 시스템가든

16) 우리가 이용하는 식량자원의 3분의 1가량이 곤충에 의해, 그 가운데 80~90%가 꿀벌에 의해 수정이 이루어지고 있다. 꿀벌이 사라진다면 전 세계 식물의 번식에 문제가 생기고, 식량 부족에 이어 자연생태계의 붕괴로 이어질 것이다. 그런데 지금 벌들이 무서운 속도로 소멸하고 있다. 책 '사라진 벌들의 경고' 저자는 미국 하버드대의 연구 결과를 인용해 "꿀벌 등 꽃가루 매개 곤충이 사라지면 매년 142만명 이상이 사망할 것"이라는 섬뜩한 전망을 내놓고 있다. 과학자 아인슈타인이 "꿀벌이 사라지면 인류도 4년 이내에 멸망할 것"이라고 경고한 것과 같은 맥락이다. (출처: http://www.seoul.co.kr/news/newsView.php?id=20160611018004)

그림 172. UoM의 양봉 (Courtyard of Old Arts)
현지조사시 연구책임 교수님께서 직접 벌집을 보여주시는 모습. 저자는 건물 안에서 유리창을 통해 관찰 및 사진촬영.

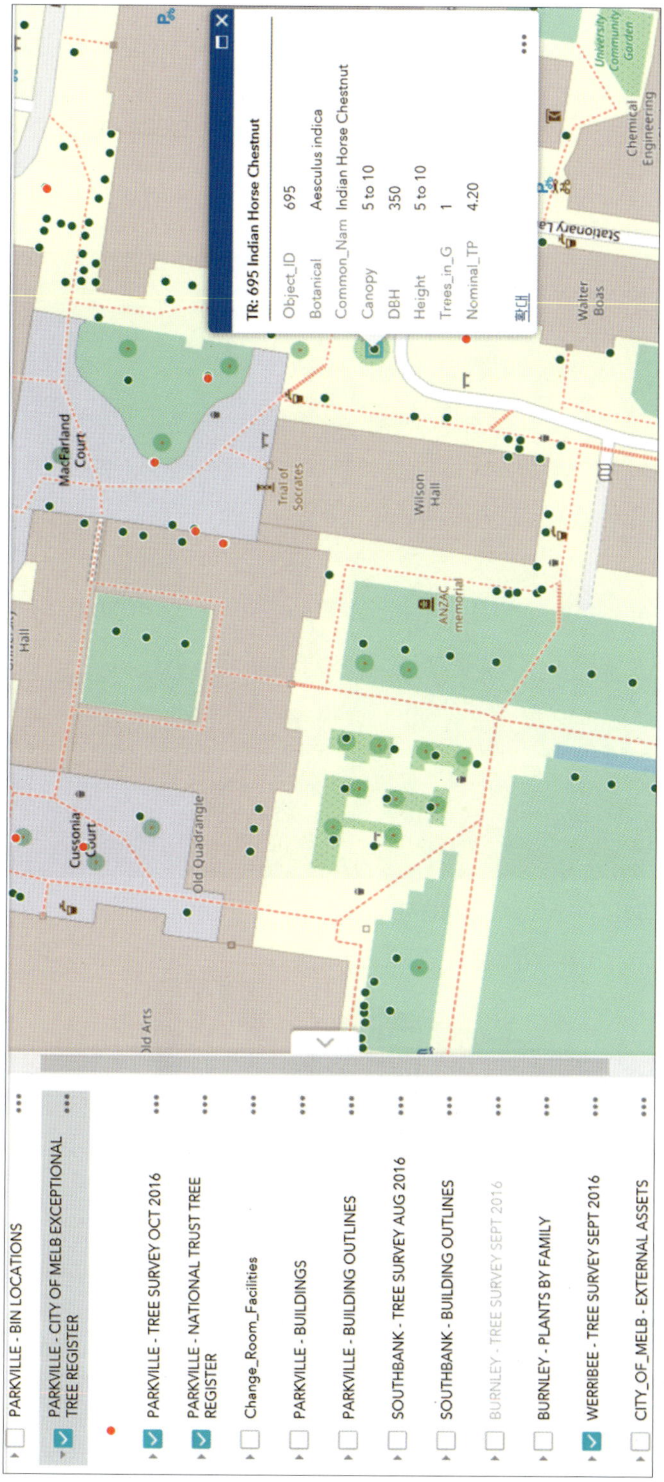


그림 173. UoM Interactive Landscape Map

(https://sustainablecampus.unimelb.edu.au/a-z/s/showers-and-change-facilities)

UoM 홈페이지에서 볼 수 있는 캠퍼스에 대한 지도로, 좌측 메뉴에서 보고싶은 항목을 선택하면 우측 지도에 점으로 나타나며, 그 점을 클릭하면 설명을 볼 수 있다.

#### 4) 생태문화의 확산과 교육

Aalto는 교내습지에 전망대를 설치하여 습지에 서식하는 새를 관찰할 수 있도록 함으로써 습지 보존에 대한 인식을 제고시키고 있다(그림 174~176).

그림 174. Aalto의 교내습지

그림 175. 교내습지의 새 전망대

그림 176. 교내습지주변 산책로의 서식생물에 대한 설명문

UoM은 다학문적 연구자와 시설기반팀 간의 파트너십을 구축하고 있으며 Parkville캠퍼스 경관을 역사문화적으로 해석하는 프로젝트(Billibellary's Walk)를 진행하고 있다.

Burnley캠퍼스는 환경 및 원예분야의 교육 및 연구로 유명하다. 9헥타르 크기의 생태정원과 다양한 식물종을 관찰할 수 있는 온실을 갖추어 캠퍼스 자체가 생물다양성을 위한 교육의 장으로써의 역할을 한다(그림 177). 메인 빌딩의 옥상에는 그린루프를 조성하고(그림 178), 바로 아래층에는 옥상정원과 연결된 키친(그림 179)을 설치하여 교직원의 점심식사 준비 및 공간으로 사용함으로써 도심과 10km정도 떨어져있는 Burnley캠퍼스의 교통량을 줄이고 네트워킹을 활성화하는 역할을 하고 있다.

그림 177. UoM의 Burnley Gardens

그림 178. 옥상녹화(Main building in Burnley campus)

그림 179. 번리캠퍼스 메인 빌딩의 옥상정원과 연결된 교직원 키친

## 5) 보행로 계획과 관리

UoM에서는 캠퍼스 내 자동차 운행 억제와 구성원의 건강을 위해 보행로를 계획하고 관리하고 있다. 전략적으로 캠퍼스를 가로질러 빨리 갈 수 있는 보행로를 조성하였다(그림 180).

그림 180. UoM의 대중교통과 연결된 캠퍼스 통과 보행로

## 2.5 교통

조사대상들의 그린캠퍼스 추진을 위한 교통범주의 원칙은 온실가스를 배출하는 차량운행의 억제이며, 이를 위한 추진요소는 대중교통과 자전거를 위한 기반구축 및 장려정책, 무공해차 장려정책, 항공교통 감소정책이다.

### 1) 대중교통 기반구축과 장려정책

그림 181. PSU의 2013 Transportation Update

PSU는 교통범주에 대한 장기계획을 수립하고 있다(그림 181). 미국 내 일반적인 대학 캠퍼스는 대도시로부터 거리를 두고 대학타운을 형성하고 있는 것과는 달리 PSU는 오리건주에서 가장 큰 도시인 포틀랜드시의 다운타운에 위치하여, 담장이 없고 도시 도로가 통과한다. 포틀랜드시에는 맥스(Max; 전철과 유사한 형태), 스트리트 카(Street Car; 전차와 유사한 형태), 버스의 세가지 대중교통이 있는데, 이 세가지 대중교통이 모두 캠퍼스를 통과하며 건물 바로 앞에 정차한다(그림 182~183).

PSU는 구성원의 통근 또는 통학시 개인 차량을 억제하고 대중교통과 자전거 이용을 장려하는 정책을 추진 중에 있다. 캠퍼스 내 도로의 주차요금은 거의 다운타운과 같은 가격이며 도로 주차 이외의 지면 주차공간은 협소하여, 주차건물에 월 단위 또는 term(학기) 단위로 주차비를 내고 주차해야 한다(그림 184~185). 일회성으로 시간단위의 주차요금을 내고 도로에 주차하는 것은 매우 비싸고, 주차건물은 캠퍼스 내에 세 개 뿐이라 주차건물에서 본인의 건물까지 또 보행이동해야 하므로, 대중교통이 멀지않은 곳에 거주한다면 건물 바로 앞에 정차하는 대중교통이 더 편리해진다.

학교에서 캠퍼스를 통과하는 대중교통에 보조금을 지급하여, 교직원과 학생은 스트리트 카를 무료로 이용할 수 있다. 자가용을 구입하지 않아도 필요시 자동차를 쉽게 대여할 수 있도록 학교에서 Zipcar(대여 자동차)를 보유하고 구성원에게 무료 또는 할인해주며 캠퍼스 내 주차장에서 이용가능하다(그림 186~187).

따라서 자동차 없이 생활하기 어려운 미국 내 일반적인 도시나 대학 캠퍼스와는 달리, 자가용 출퇴근이 더 불편하고 대중교통 이용이 유리한 인프라와 정책을 구축하였다.

그림 182. PSU 건물 앞에 정차하는 대중교통 MAX

그림 183. PSU 캠퍼스를 통과하는 Street Car

그림 184. PSU 주차건물

그림 185. PSU 잠시 주차가능한 공간
교내에는 주차공간을 매우 적게 만들고 짐을 내릴 때 잠시 주차하는 장소를 지정하고 있다.

그림 186. PSU 주차장의 Zipcar

그림 187. PSU의 Zipcar 안내브로셔

Aalto는 구성원의 대중교통 이용률을 조사한 결과, 학생의 약 95%와 직원의 약 55%가 대중교통, 자전거, 도보를 이용하여 통학 및 통근을 하고 있는 것으로 나타난 바 있다. 또한, 목적지가 유사한 사람들이 카풀 개념으로 이용할 수 있는 대중교통인 수요응답형 교통서비스(Kutsuplus)를 제공하며, 보행자우선 교통계획을 마련하였다.

대중교통 장려 및 개인차량 이용억제를 위해 헬싱키 전철을 오따니에미 캠퍼스까지 연장시켰으며, 캠퍼스 중심부에 전철역이 연결된 건물을 건설 중에 있다. 자동차 운행억제를 위해 최소한의 주차시설과 주차 제한 및 허용 구역을 제시하였다(그림 188).

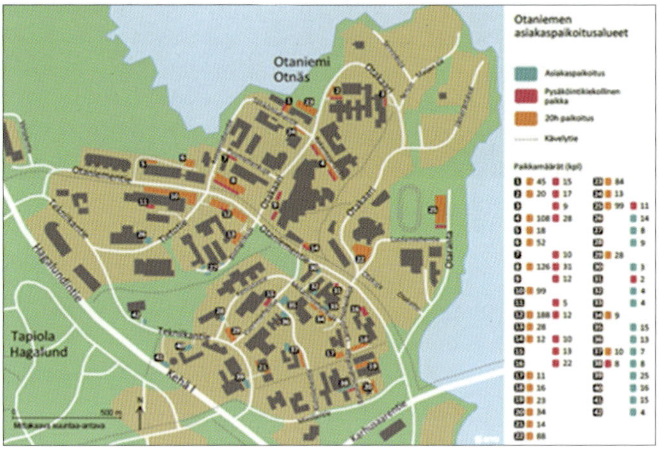


그림 188. Aalto의 주차계획

UoM의 교통범주로는 멜버른대학교의 7개 캠퍼스 전체에 친환경 교통전략을 수립했다. 교직원은 멜버른 교통시스템을 이용할 수 있는 대중교통 패스를 대폭 할인된 금액에 구입할 수 있다. 카풀부킹시스템을 운영하고 있고, 공유자동차를 교내 주차장에서 이용할 수 있다(그림 189). 이러한 친환경 교통전략을 시작한 2010년 이후 5년동안 탄소배출은 142톤 (13.1%) 감소, 연료소비량은 62,181litre (15.5%) 감소했다.

그림 189. UoM 주차장의 공유자동차

## 2) 무공해차 장려정책

PSU는 Electric Avenue를 운영하고 있다(그림 190). 이는 전기자동차 보급확대를 위해 전기회사와 포틀랜드시와 PSU가 협력하여 만든 캠퍼스 내부에 위치한 전기자동차 충전 장소이다. 애버뉴 라는 명칭이 붙을 만큼 매우 여러대의 충전기가 설치되어 있는데, 전기충전은 무료이나 비싼 주차비를 지불해야한다. 무공해차도 백퍼센트 신재생발전에 의한 전기사용이 아닌한 환경에 부담을 주는 것이므로, 일반자동차보다는 무공해차를 장려하지만 무공해차 사용도 감축시키려는 정책이다.

다른 세학교도 전기차 충전소가 다수 설치되어 있으며(그림 191~192), Aalto는 전기차 이용증진프로그램을 시행하여, 캠퍼스 자전거와 마찬가지로 학교에서 전기차를 구입하여 업무용으로 이용하고 있다(그림 193). UoM은 학교에서 7대의 하이브리드자동차와 1대의 전기자동차를 보유하고 공무에 사용하고 있으며(그림 194), 친환경차 구입장려정책으로, 본인에게 맞는 자동차를 추천해주는 서비스를 제공하고 있다.

그림 190. PSU의 Electric Avenue

그림 191. FU 전기차 충전소

그림 192. Aalto의 전기차충전소

그림 193. Aalto의 업무용 전기차

그림 194. UoM 학교소유 전기차

### 3) 자전거 장려정책

캠퍼스 통근시 자전거 이용이 확대되기 위해서는 도시 전체적으로 자전거도로와 자전거보관소가 계획되어 안전하게 주행하고 주차할 수 있어야 하고, 필요시 대중교통에 자전거를 가지고 승차할 수 있어야하므로 도시 인프라가 선행되어야 하는데, 조사대상 캠퍼스와 도시는 모두 자전거이용이 놀랄 정도로 활발하다. 특히 독일은 도시 전체적으로 자전거도로가 계획되어, 자전거 신호체계에 의해 자동차보다 빠르게 운행할 수 있다(그림 195~200).

그림 195. PSU의 자전거 도로

그림 196. 베를린의 자전거 도로

그림 197. 포틀랜드시 버스에 탑재한 자전거

그림 198. 베를린 지하철에 자전거를 가지고 승차한 모습

그림 199. PSU의 자전거 주차장

그림 200. FU 자전거 보관소

PSU는 자전거 이용확대를 위한 자전거도로 계획과 자전거주차장 및 보관소 확대, 자전거이용자를 위한 편의제공 등을 포함하는 자전거교통계획을 수립하였다(그림 201). 교내에 Bike Hub를 운영하며 관련 정보공유를 위한 페이스북 페이지를 운영하고 브로슈어도 배부하고 있다. 바이크 허브는 자전거 수리 서비스, 자전거 강좌, 자전거 상품 판매를 하는 장소이자 자전거타기 장려를 위한 프로그램이다(그림 202~204).

Table of Contents



그림 201. PSU 자전거교통계획(목차)
출처 : Portland State University(2011). Bicycle Transportation Plan.

그림 202. PSU 바이크 허브의 브로슈어

그림 203. PSU 바이크 허브의 외관

그림 204. PSU 바이크 허브의 내부

Aalto는 에스포시와 협력하여 자전거 도로를 개선하였고 캠퍼스 내의 자전거 이용자를 위한 인프라를 개선하였다(그림 205~206). 캠퍼스 자전거와 헬멧 60개를 학교에서 구입하여 구성원들이 이용할 수 있도록 25곳에 배치하고, 건물 경비원과 캠퍼스시설 서비스에 의해 관리하고 있다(그림 207). 자전거 이용지도를 제공하고 있으며, 자전거 수리공간을 기숙사 앞에 설치하였다(그림 208).

그림 205. Aalto의 자전거 이용자를 위한 샤워시설

그림 206. Aalto의 자전거 이용자를 위한 라커

그림 207. Aalto의 캠퍼스 자건거

그림 208. Aalto 자전거 수리공간

UoM은 보행자와 자전거를 우선하는 교통계획을 추진하고 있다. 2017년 현장조사시, 2018년까지 캠퍼스 주차공간의 10%를 자전거 주차공간으로 전환 중에 있었다(그림 209~210). 자전거 보관소, 사물함, 샤워시설 및 탈의실, 자전거 수리공간을 포함한 End of trip facilities를 설치하고 대학 웹사이트에 자전거 관련시설 맵을 공개하고 있다(그림 211). 자전거 이용자들을 위해 정기적으로 아침식사를 제공하는 'Ride 2 Uni Breakfast' 행사도 진행하고 있다.

또한 총학생회의 환경부에서는 Bike Co-op과 Bike co-op Facebook을 운영하는데, 자전거 기계원리, 수리방법, 중고판매, 자전거타기 등에 대한 워크샵을 개최한다(그림 212).

그림 209. UoM의 South Car Park
UoM의 대표적 지하주차공간으로서, LED조명으로 교체하였고, 일부공간을 자전거주차장으로 전환예정

그림 210. UoM 자전거공유 스테이션

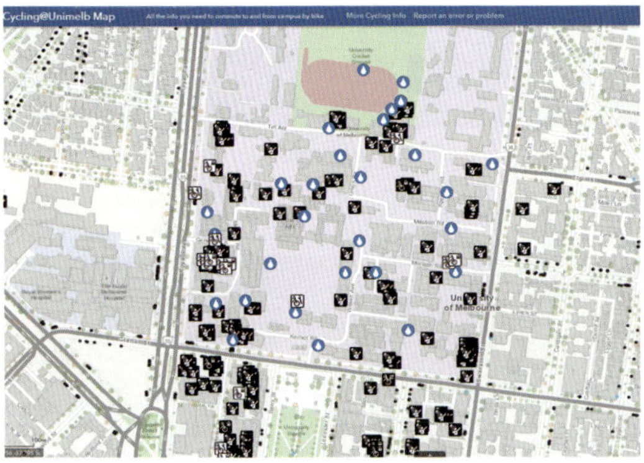


그림 211. UoM 자전거 관련시설 지도
http://sustainablecampus.unimelb.edu.au/key-areas/transport

그림 212. UoM의 Bike Co-op

그림 213. UoM의 자전거수리공간

4) 항공교통 감소정책

UoM은 교직원의 항공출장으로 인한 탄소배출을 감소시키기 위해 항공출장에 의한 온실가스배출량을 보고하고 온실가스 offsetting 계획을 추진하고 있고, 항공출장을 감소시키기 위한 화상회의시설을 설치하였다. 출장·여행관리시스템은 2017년부터 종합적이고 완전한 항공출장에 대한 정보를 제공하고 있다.

## 2.6 폐기물과 재활용

조사대상들은 폐기물을 감축하고 유해폐기물을 효과적으로 관리하기 위한 프로그램을 추진하고 있고, 캠퍼스에서 발생하는 폐기물의 종류, 양, 처리방법과 처리비용 등에 대한 데이터화 및 평가보고서를 작성하여 공개하고 있다.

### 1) 폐기물 관리 및 분리수거 프로젝트

PSU는 폐기물평가보고서를 작성, 공개하고 있으며(그림 214), 특수폐기물 수거를 온라인에서 신청하도록 시스템을 구축하였다. 리사이클링 안내문을 언제든지 출력해서 부착할 수 있도록 온라인에 제공하고 있다(그림 215). 재활용 쓰레기의 분리수거는 아주 세부적으로 분리하지 않는 한 쓰레기집하장에서 다시 분리해야하므로, 차라리 재활용이 가능한 쓰레기는 혼합 수집하여 재활용쓰레기 분리수거 참여율을 높이고자 하는 혼합수거 프로젝트를 추진하고, 구성원의 동아리 활동으로 재활용쓰레기 분리 봉사를 한다.

FU의 폐기물 관리조직은 대학전체의 분리수거, 쓰레기 흐름의 모니터링, 정확하고 경제적인 폐기물 처리를 담당한다. 법적기준을 준수하도록 관리하고, 다양한 부서에서 폐기물 처리가 용이하도록 돕고 있으며 쓰레기 처리비용을 관리하고 데이터의 투명성, 선별적인 정책 등을 제공한다. 연간 폐기물보고서를 통해 폐기물 발생과 처리비용, 처리방법에 대한 기본적인 정보를 제공한다. 예를 들어 2011년의 처리비용은 약 330,000유로(약 4억2천만원)이다. 60가지의 폐기물을 처리하였으며 이 중 40종류의 유해한 폐기물은 특별 공식적 절차를 통해 처리하였다. 특수폐기물은 특정 학과 또는 부서의 개별요청에 의해 적합한 폐기절차를 따르며, 건축폐기물은 적절하게 처리하거나 재활용하기 위해서 폐기물의 종류와 양 등 처리방법을 관련 관리부서의 동의를 거친다.

Aalto는 폐기물처리를 데이터화하고 계획하고 있는데, 2015년 ISCN 보고서에 따르면 Aalto 폐기물의 90%는 재활용 및 에너지로 사용되었고 6%는 매립, 4%는 유해폐기물로 처리되었다. 폐기물을 무해폐기물과 유해폐기물로 구분하였고, 무해폐기물은 재활용이 가능한 혼합종이, 흰 종이, 판지, 유기성폐기물 등으로 분류하고 유해폐기물은 화학폐기물, 배터리, 형광등 등으로 분류한다. 유해물 특별관리에서는, 위험할 수 있는 가스 및 화학물질의 사용과 유해폐기물을 관리하기 위해 데이터베이스를 구축하고 화학폐기물 취급관리 파트너를 선정하였다. 유해폐기물은 현행법을 준수하여 처리하고, 유해폐기물 처리담당자 리스트를 웹사이트에 공지하여 관리하고 있다.

UoM은 일별로 폐기물 처리방법별 폐기물의 종류와 양을 데이터화하고 있고, 그린캠퍼스 담당부서 내에 폐기물담당자가 지정되어 있으며, 혼합수거를 시행하고 있다(그림 216).

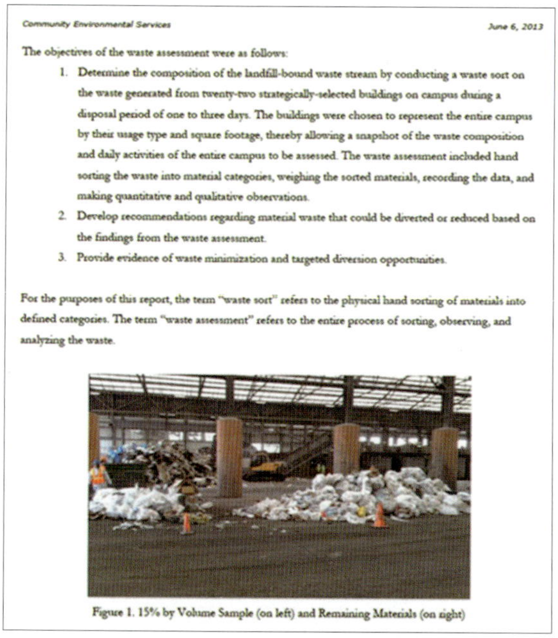
Community Environmental Services June 6, 2013

The objectives of the waste assessment were as follows:

1. Determine the composition of the landfill-bound waste stream by conducting a waste sort on the waste generated from twenty-two strategically-selected buildings on campus during a disposal period of one to three days. The buildings were chosen to represent the entire campus by their usage type and square footage, thereby allowing a snapshot of the waste composition and daily activities of the entire campus to be assessed. The waste assessment included hand sorting the waste into material categories, weighing the sorted materials, recording the data, and making quantitative and qualitative observations.
2. Develop recommendations regarding material waste that could be diverted or reduced based on the findings from the waste assessment.
3. Provide evidence of waste minimization and targeted diversion opportunities.

For the purposes of this report, the term "waste sort" refers to the physical hand sorting of materials into defined categories. The term "waste assessment" refers to the entire process of sorting, observing, and analyzing the waste.

Figure 1. 15% by Volume Sample (on left) and Remaining Materials (on right)

그림 214. PSU의 폐기물평가보고서

그림 215. PSU 홈페이지에 탑재되어 있는 재활용 분리수거 안내문

그림 216. UoM의 혼합분리수거통

## 2) 폐기물 감축 프로그램

PSU는 폐기물을 줄이기 위해, 특히 종이쓰레기 감축을 위해 수업 카탈로그나 수업 일정 및 목록 등은 인쇄하지 않고 온라인에 무료 PDF파일을 제공한다. 폐기물 감소와 재활용을 주제로 한 경진대회 또는 발표대회를 개최하고 있다. 또한 안쓰는 물건을 기증하고 필요한 물건은 자유롭게 가져갈 수 있는 Reuse room과 Reuse room의 페이스북 페이지를 운영하고(그림 217), 건물별로 reuse room 행사를 개최하며, 기증받은 머그컵을 비치하고 무료 사용하도록 하고, 재사용 가능한 물건 기부행사, 가구나 설비 등 규모가 큰 물건 재사용, 빌려 쓰는 물품 온라인 라이브러리 등을 운영하고 있다.

Aalto는 재활용 및 재사용을 권장하기 위한 프로그램 및 공간(Reuse platform, Recycling center, Reuse cart)을 마련하였으며, 연구장비, 재료, IT, 가구 등의 재사용을 위해 인트라넷에 재활용 플랫폼 프로젝트(Aalto Arvo reuse platform)를 진행했다.

재활용센터(Recycling center)에서는 사무실가구 및 사무용품을 재사용하고 있고, 폐전화기를 수집하는 캠페인을 펼치며, 학생들에게 재활용센터(그림 218)를 이용하도록 권장하고 있다. 재사용카트(Reuse cart)를 건물로비에 비치하여 누구나 안 쓰는 물건은 가져다 두거나 사용할 수 있도록 하고(그림 219), 토너 재활용박스를 비치하고 있다(그림 220).

Unigrafia(인증된 친환경 인쇄과정)는 문서편집시의 여백, 글씨크기, 줄간격 등을 가이드하여, 종이, 잉크, 에너지 소비량을 감축하고 소비데이터를 기록하는 것으로써 Aalto는 이를 준수하고 있다(그림 221). 또한 종이사용 감축정책으로 전산응용시스템, 연구정보시스템, 전자결제시스템을 도입하여 종이서류를 최소화하고 있다.

그림 217. PSU의 Reuse Room

그림 218. Aalto의 재활용센터

그림 219. Aalto 건물로비의 재사용카트

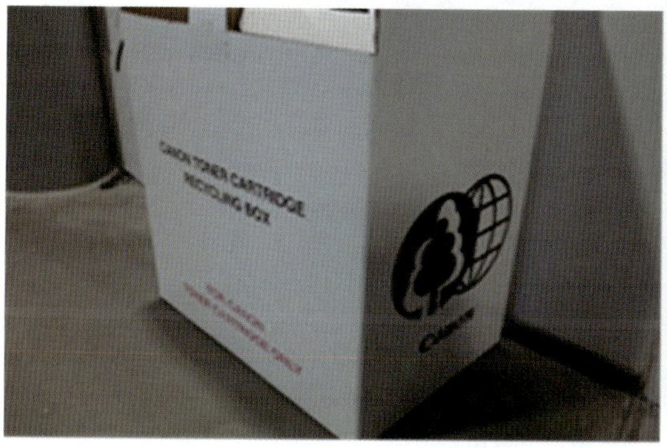

그림 220. Aalto의 토너 재활용박스

그림 221. Aalto의 Unigrafia 홍보배너

UoM은 교내에서 사용하지 않는 가구나 전자제품을 기증받아 필요로 하는 부서에 재배치하는 재활용센터를 운영하고 있다(그림 222~223). 컴퓨터의 경우에는 보관된 데이터를 다시 찾는 경우도 있어서 일정기간 보관 후 정보유출방지를 위해 포맷을 해서 필요한 곳에 보낸다. 재활용 온라인서비스를 통해 온라인으로도 기증과 분배를 진행하며 매월 1회 재활용 오픈데이를 개최하며, 가구와 모든 기기의 수리를 포함한 재활용 프로그램을 확대하고 있다.

그린캠퍼스 전담부서는 교내 행사에서 일회용품 사용 대신 다회용품 사용을 위한 유니사이클 카트를 운영하고 있다(그림 224).

그림 222. UoM 재활용센터

그림 223. UoM 재활용센터의 전자제품실

그림 224. UoM 유니사이클 카트와 그 안에 담겨있는 다회용 식기

### 3) 음식쓰레기 감축 프로그램

PSU에서는 캠퍼스 내 식당에서나 구성원들이 식품을 구매할 때 재사용이 가능한 식품포장 용기 사용 프로젝트를 추진 중에 있으며, 캠퍼스에서 발생하는 모든 폐식용유는 바이오디젤로 재생산한다. 여분의 식품을 수집 후 기부하는 푸드뱅크(그림 225), 포장용기없는 식사하기, 재사용 가능한 개인 머그컵 사용시 음식가격 할인, 소포장 개인양념 비치하지 않기를 포함하고 있다. 또한 캠퍼스 외부공간에 퇴비화음식물 수집용기를 비치하였다(그림 226).

그림 225. PSU의 푸드뱅크

그림 226. PSU의 퇴비화음식물 수집용기

UoM은 캠퍼스에 유기물 쓰레기통을 설치하여 모아진 유기물들을 정원의 퇴비로 재활용하고 더 큰 규모의 유기물 재활용방법에 대해 조사하고 있다. 우리나라는 일반주거단지에서는 쓰레기종량제를 실시하고 경고문 등을 부착하여 음식물쓰레기 분리수거가 잘 진행되고 있지만 대학캠퍼스 내에서는 지켜지지 않는 상황인데 비해, 호주에서는 주거단지에서 아직 음식물쓰레기 분리수거를 하지 않지만 멜버른대학교는 캠퍼스 내에서 음식물쓰레기 분리수거를 시작하였고 음식물쓰레기 발효기를 이용해 퇴비화시킨다(그림 227).

그림 227. UoM의 음식물쓰레기 발효기

# 3. 연구와 교육

## 3.1 연구

### 1) 그린캠퍼스를 위한 연구지원의 원칙

Aalto의 그린캠퍼스 추진을 위한 연구범주에서는, 친환경 사회(Sustainable society)에 기여하는 연구를 지원한다. Aalto에서 수행하는 연구의 주요분야는 기후변화, 에너지, 웰빙, 건강, 영양 등으로, 친환경 교통, 재생가능한 에너지, 바이오경제, 로봇공학에 초점을 맞추고 있다. 생태계, 친환경적인 미래, 서비스 개발 등과 관련된 다학제적 프로젝트와 에너지효율 연구프로그램을 지원하고 있다. 친환경에 초점을 맞춘 연구팀을 구성하고, 친환경 문제에 초점을 맞춘 연구가 명확하고 체계적으로 진행되도록 지원하고 있다.

UoM은 건강과 웰빙의 증진을 원칙으로 친환경을 주제로 한 연구를 지원한다. 그린캠퍼스와 직접 관련된 연구를 우선 지원하고 있으며 국제회의활동, 대표단운영 등을 통해 연구를 통한 국가정책을 지원하고 있다.

### 2) 연구소 운영

PSU는 친환경연구소 ISS(Institute for Sustainable Solution)를 운영하고 있다.

FU는 환경정책 연구를 진행하는 조직을 타 대학 및 교내 조직들과의 네트워킹을 통해 설립, 유지하고 있다. 환경정책연구소(Environmental Policy Research Centre)는 정치학과 사회과학의 국제 연구팀의 연구, 환경정책과 친환경 에너지정책을 연구하고 정책자문을 한다.

UoM은 산업체, 정부, 시민사회와 협력하여 친환경연구소(Melbourne Sustainable Society Institute, MSSI), 에너지연구소(Melbourne Energy Institute, MEI) 등 멜버른 학제간연구소를 운영하며, 친환경 관련 연구성과를 측정할 수 있는 매트릭스를 개발하고, 연구활동을 위한 '실험실로서의 캠퍼스'를 지원하고 있다.

## 3.2 교육

조사대상들에서는 미래사회의 의사결정자로서의 재학생에 대한 친환경교육을 추진하고 있는데, 1) 친환경교육 프로젝트, 2) 친환경관련 전공개설, 3) 융합교과과정 제공, 4) 친환경관련 교양교과목의 개설 및 필수지정, 5) 기존 교과목에 친환경 내용 반영, 6) 리빙랩 이니셔티브 로 요약될 수 있다. 이 절에서는 이러한 교육범주의 추진요소별로 소개하기보다는, 대상학교별 교육범주의 추진현황을 소개하는 것이 국내 대학에서 대학별 상황을 파악하고 친환경교육을 추진하는데 도움이 될 것으로 판단되어 학교별 교육범주의 추진내용을 소개한다.

### 1) 포틀랜드주립대학교

PSU는 친환경관련 교과목을 개설하고, 홈페이지에서 전공별 또는 담당교수별이 아닌 sustainability로 검색하여 학교 전체에 개설된 교과목의 파악이 가능하도록 제공하고 있다(그림 228).

대학원생을 대상으로 친환경관련 교과목 이수를 통한 인증제를 운영중에 있다. 이는 대학원에서 주전공 이외 연계전공을 이수하는 형태인데, 미국의 오리건주와 포틀랜드시는 친환경정책이 강한 지역으로, 친환경 분야의 전공자가 취업에 유리하므로 많은 학생들이 이수한다.

EcoReps program은 학생 리더쉽 프로그램으로, 1년 단위로 진행된다. 1단계는 친환경관련 교과목 수강, 2단계는 친환경교육 프로그램을 주최하고, 3단계는 친환경관련 프로젝트를 진행한다. 교내에서 10명 이내의 우수학생을 선발하여 연구를 지원하는 Sustainability scholar group도 진행되고 있다.

PSU는 신입생 오리엔테이션이 없고, 각 학과에서 대여할 수 있는 친환경 내용이 포함된 신입생 오리엔테이션용 비디오 자료가 제작되어 있다.

| Department | Course Number | Course Name |
|---|---|---|
| Accounting | ACTG 560 | Professional Ethics and the Public Interest |
| Anthropology | ANTH 333U | Anthropology of Food |
| | ANTH 461/561* | Past Human-Environment Interactions |
| Architecture | ARCH 367U | Fundamentals of Environmental Design |
| | ARCH 421/521* | Urban Design Methods |
| | ARCH 435/535 | Topics in Modernism |
| Business Administration | BA 495 | Business Strategy |
| | BA 548 | Global Business, Society and Ecology |
| | BA 548* | Product Design and Stewardship |
| Biology | BI 429/529* | Conservation Biology |
| Black Studies | BST 414U/514* | Racism |
| | BST 450U/550 | Race and Sustainability |
| | BST 467U/567* | African Development Issues |
| Civil Engineering | CE 481/581* | The Columbia River as a System |
| | CE 483/583* | Estuarine Circulation |
| Chicano/Latino Studies | CHLA 301U* | Chicano/Latino Communities |

그림 228. PSU 홈페이지에서 'sustainability'로 검색된 교과목 목록

### 2) 베를린자유대학교

FU는 교육측면에서, 친환경관련 교과목을 체계화, 지속가능한 발전을 위한 필수지식과 기술교육을 강화하고 있다.

### 3) 알토대학교

Aalto는 교육범주에서, 친환경관련 전공운영, 교과목 개설, 학생 프로젝트, 신입생 오리엔테이션, 연계 프로그램, 평생교육 운영을 하고 있다.

Aalto는 석박사연계 5년과정으로 6개의 단과대학이 운영되고 있다. 6개 모든 단과대학과 다학제적 프로그램, 교육과정에서 책임감과 친환경을 추구하고 있으며, 친환경에 초점을 맞춘 전공과정으로 Creative Sustainability, Sustainable Global Technologies, Environmental Engineering, Environomical Pathways for Sustainable Energy Systems, Innovative and Sustainable Energy Engineering, Water and Environmental Engineering 등이 운영되고 있다.

총 47개 교과목이 책임감과 친환경, 환경학을 포함하고 있고 친환경관련 학생 프로젝트들을 진행하고 있으며 책임감과 친환경관련내용을 신입생 오리엔테이션에 포함시키고 있다.

그린캠퍼스 조성을 위한 시설을 연구와 교육에 연계시키는 프로그램을 실시하고 있고, 디자인개발 및 시제품 제작을 진행하는 대학원 필수교과목을 위한 디자인팩토리(Design factory)를 운영하고 있다. 이 건물은 여러 개의 회의실, 시제품 제작이 가능한 여러 종류의 실험실습실, 학생 자율공간으로서 키친, 전시공간 등으로 구성되어 있다(그림 229~231).

그림 229. Aalto의 Design factory - 실험실습실

그림 230. Aalto의 Design factory - 학생자율공간

그림 231. Aalto의 Design factory - 전시공간

### 4) 멜버른대학교

교육범주에서 UoM은 학생들이 캠퍼스에서의 체험을 통해 친환경 지식을 함양할 수 있도록 하는 것을 원칙으로 한다. 친환경교육 프로젝트는 2020년까지 핵심 및 필수 교과목을 통해 모든 학부생이 친환경 지식과 가치를 이해하고 적용가능하도록 교육하는 것을 목표로 모든 학사학위 프로그램에 적용하도록 추진 중에 있다. 친환경 지식과 가치가 어떻게 교과과정에 실질적으로 포함될 수 있는지에 대한 명확한 비전을 세우고 친환경 졸업요건으로 어떠한 내용을 포함할지 개발하고 이러한 졸업요건들이 학생들의 대학졸업증서에 기록되도록 장려한다.

교육을 위한 지원패키지를 시행중인데, 이는 친환경관련 문제들을 학생들이 탐구할 수 있도록 "살아있는 실험실로서의 캠퍼스"를 제공하는 것으로, 많은 연구자와 학생들은 연구프로젝트의 일환으로 그린캠퍼스 전담부서와 협력하고 학사담당부서는 시설담당부서와 협력하여 친환경관련 문제기반학습을 위한 자료들을 개발한다. 예를 들어 생물다양성에 대한 데이터 및 활동학습패키지는 캠퍼스 내 생물종 데이터와 맵 뿐만 아니라 전문가 및 이해관계자와의 인터뷰, 셀프가이드를 통한 생물다양성 투어를 포함한다. 학생커뮤니티가든은 학생들의 토착 식용식물재배, 퇴비화작업, 실험연구의 장소로써 물여과실험장치, 화단(Wicking beds), 배수시스템, 퇴비를 보관하는 퇴비저장소를 갖추고 있다. 현지조사시 학생들이 빗물여과시스템에 대한 실험 중에 있었는데, 빗물이 잘 빠지고 여과된 후 수질이 좋은 흙의 구성이 무엇인지에 대한 실험이었다(그림 232~235).

석사과정 수업에서는 산업체파트너와 팀과제를 진행하고, 대학원생을 위한 다학제적 환경교육 프로그램과 오피스를 운영하여(그림 236) 친환경분야에서 전문적으로 실천을 할 수 있도록 지식과 기술을 개발하고 있다.

연구시연 프로그램으로써 유아학습센터는 유아교육을 통해 환경의 가치를 심어주는, 이론과 실천에 대한 유아, 가족, 교사, 연구자들이 협력하는 학습공동체이다.

학부와 대학원에 친환경관련 교과목을 지난 5년간 800개 이상 개설하였으며 이는 전체 교과목의 약 14%를 차지한다.

그림 232. 학생커뮤니티가든

그림 233. 빗물여과시스템에 적합한 흙에 대한 학생주도 실험 (학생커뮤니티가든)

그림 234. 퇴비통과 벌레농장(학생커뮤니티가든)

그림 235. 벌레농장

그림 236. 대학원 환경교육 프로그램의 오피스

# 4. 실천

실천 측면은 구매와 서비스, 구성원의 참여, 네트워킹 범주로 구분하여 소개한다. 실천 측면에서도 조사대상들은 탄소배출감소를 위한 구매와 서비스를 원칙으로, 친환경 또는 공정거래 제품의 구매를 추진하고 구매품의 종류와 양을 데이터화하고 있다. 조사대상들은 공통적으로, 그린캠퍼스의 핵심은 물리적인 캠퍼스의 변화를 통해 탄소배출을 감소시키는 것이지만, 이 역시 사람이 하는 일이므로, 그린캠퍼스 추진을 위해서는 물리적인 측면 뿐 아니라, 실천의 중요성을 공감하고 있다. 그린캠퍼스 추진을 위한 구성원의 참여, 공공과 민간 부문, 자국내와 국제 네트워크를 통한 정보교류와 상호지원을 중요시하고 있으며, 이는 학생들에게 실천을 통해 자연스럽게 교육되도록 하고 차세대 실무자를 양성하는 의미도 담고 있다.

## 4.1 구매와 서비스

### 1) 구매정책의 개발

Aalto의 구매정책은 물품의 이동량을 최소화하고, 구매품의 종류, 양, 생산지역 등을 데이터화하며, 유해물 특별관리, 공공계약관련 법규(Public Procurement Act) 준수를 원칙으로, 교육 및 연구 물품, 도서, 정보통신제품, 사무용품을 구매하는 것이다. 특히, 도서관에서는 도서의 전자화와 도서 제공 및 대여의 데이터화로 도서 구매량, 교통량, 포장, 종이 등을 감축하고 있다.

UoM은 공급자 행동수칙과 조달과정이 사회적·환경적 의무를 이행하도록 구매정책을 검토하고 개발하고 있다.

### 2) 친환경 구매 및 공정거래

PSU는 건강하고 지속가능한 구매를 위한 단체에 가입하고, 에너지효율등급이 높은 제품, 에너지인증 제품, 에코인증 제품의 구입을 추진하고 있으며, 계절생산제품, 지역생산제품, 여성 소상공인으로부터의 구입을 장려한다.

UoM은 공급자 행동수칙에 의해 구성원은 공정거래인증 제품을 구매하고, 캠퍼스 내 가게에는 Fair Trade Mark를 부착하고 있고(그림 237~238), 1년에 한 번 Fair Trade Market을 개최한다(그림 239). 공정거래 약속의 일환으로 캠퍼스전체 키친의 50%이상에 공정거래 차와 커피를 갖추고 있으며, 회의에서 공정거래 차와 커피를 제공한다.

그림 237. UoM Parkville 캠퍼스의 공정거래 상점

그림 238. 공정거래 마크

그림 239. 공정거래시장 행사(2017.8.17.)

## 4.2 참여

### 1) 그린캠퍼스를 위한 참여전략 수립

FU는 구성원의 그린캠퍼스 추진 또는 친환경 활동을 확대시키기 위해 참여단계이론을 근거로 지원을 하고 있다(그림 240). 즉, 정보제공 단계로는 웹사이트에 자료탑재, 포스터 제작 부착, 팜플렛 제작 배부 등을 하고, 컨설팅 단계로는 대화와 미팅을 추진하며, 참여 단계로는 open days, art performances 등을 개최하고, 협업 단계로는 운영위원회, 지역사회프로젝트 등을 운영하며, 역량강화 단계로는 연구활동, 여러 전공분야에서 모인 연구팀 지원 등을 실행하고 있다.

Aalto는 일상적 생활실천에 대한 책임감 증진을 위한 가이드라인을 제작하여 배부하고, 그린캠퍼스 추진범주별로 업무팀을 구성하여 실행하고 있고, 에너지절약 가이드라인 및 실천지침을 제공하며, IT서비스부서 운영, 경진대회 및 행사참여 권장 등을 하고 있다.

UoM은 구성원의 친환경에 대한 인지(Perception), 의식(Awareness), 참여(Participation), 행동(Action)의 레벨 향상을 목표로 하는 참여전략을 수립하고 있다.

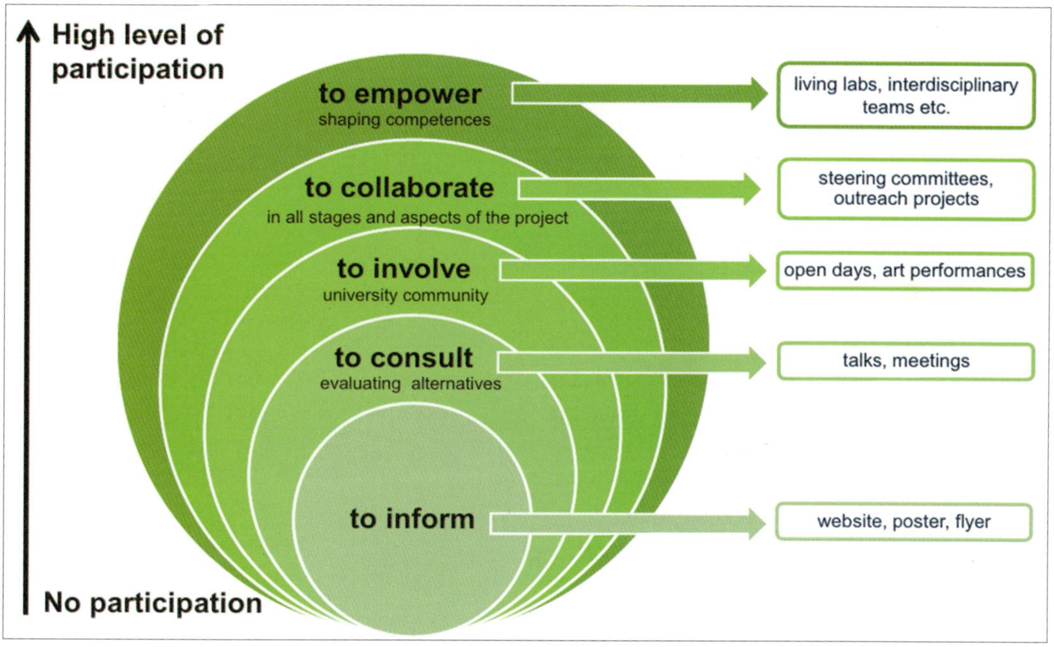


그림 240. FU에서 근거로 하고 있는 참여단계이론

## 2) 경진대회 및 시상 프로그램

조사대상들은 그린캠퍼스 추진 또는 친환경활동과 관련된 경진대회 및 시상 프로그램을 운영하고 있으며, 에너지관련 인센티브는 에너지범주에서 소개하였다.

인센티브 외에 경진대회로 PSU는 재활용 경진대회, 폐기물 감소와 재활용 발표대회 등을 개최하고 있고, Aalto는 에너지효율경진대회(Energy Efficiency & Low Carbon Competition)를 개최하여(그림 241) 일상생활부터 사회기반시설에서 실현할 수 있는 에너지효율 향상과 탄소배출저감을 위한 획기적이고 실용적인 해결책을 발굴하고 있다.

그림 241. Aalto 에너지효율과 그린캠퍼스를 위한 학생 경진대회

### 3) 교내 프로그램 및 네트워킹 지원

PSU는 학교에서 주관하는 친환경관련 학생참여 프로그램이나 리더쉽 프로그램들을 운영중이고, 친환경관련 학생 동아리도 매우 많은 수가 활동하고 있으며, 이러한 내용이 학교 웹사이트에 소개되어 있다(그림 242).

〈그림 243〉은 ISS와 CSO 주관으로 캠퍼스 폐기물관리 개선을 위한 교수, 직원, 학생이 참여하는 프로그램인 Living Lab Initiative의 활동 모습이다. 캠퍼스와 커뮤니티에서 봉사하는 Sustainability volunteer Program, 여러 조직의 리더들의 모임인 Student Sustainability Leadership Council, 졸업하면서 친환경에 대한 관심과 활동의 약속을 서명하는 Graduation Sustainability Pledge 등이 실천되고 있다.

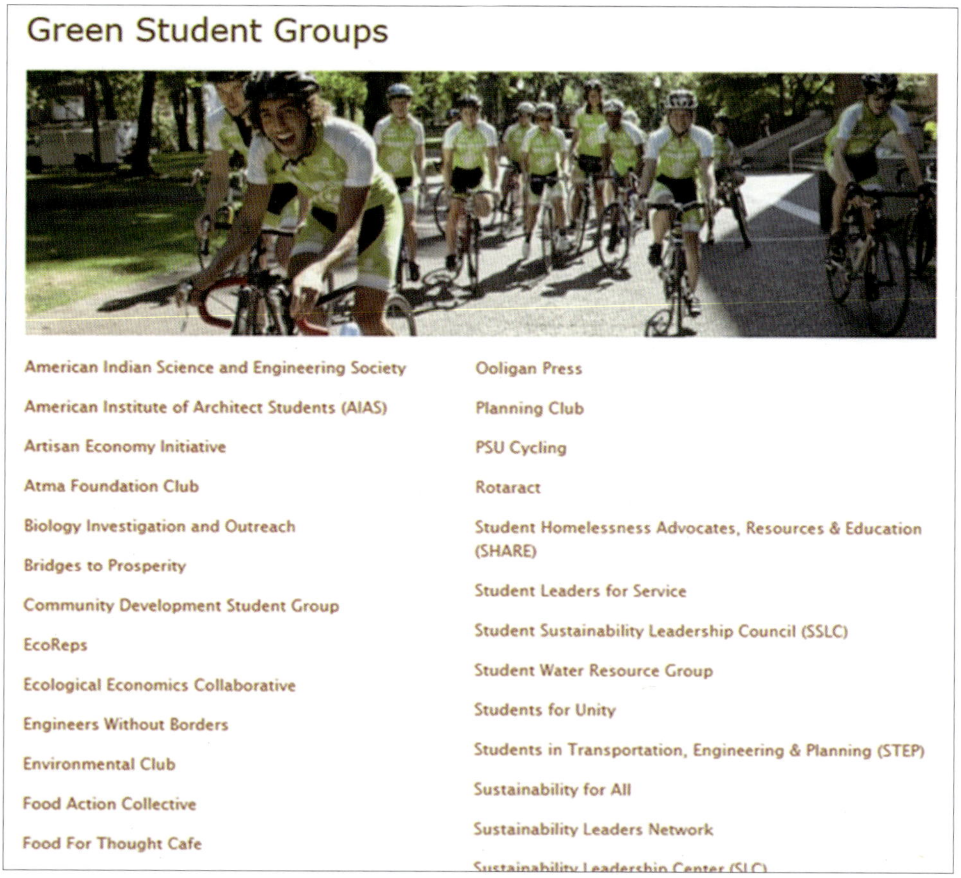


그림 242. PSU 홈페이지의 친환경동아리 소개내용

그림 243. PSU의 Living Lab Initiative
(출처 :www.pdx.edu/sustainability/living-lab)

FU는 교직원을 대상으로 환경인식 증진을 위한 정기적인 교육과 트레이닝을 실시하고 있다.

Aalto는 다양한 교내 네트워크가 운영되고 있는데, 학교시설 관리자와 기술자들을 대상으로 에너지효율 관련 트레이닝을 실시하고 있으며, 에너지 블로그를 개설하였다. Aalto 학생자치기구(Aalto University Student Union, AYY)는 환경에 미치는 영향을 최소화하면서 친환경에 대한 인식을 제고할 수 있는 행사를 주최한다. 알토대학교와 학생연합은 원예협회 등을 조직하여 실천하고 있다.

UoM은 다양한 교내 참여프로그램이 운영 중인데, 학생주도의 질소발자국 프로젝트는, 자원을 사용함으로써 환경에 배출되는 질소의 양을 계산하기 위해 운영담당 직원과 학생회가 참여하는 프로젝트이다. Science Gallery Melbourne과 같은 친환경관련 문화프로그램들은 연구의 영향력을 증진시키고 예술과 과학의 접점에 대중이 참여할 수 있는 국제적인 플랫폼을 제공한다. 1년에 한 번 UoM Open day 행사를 개최하는데, 현지조사시 멜버른대학교의 그린캠퍼스 전담부서도 부스를 설치하여 그린캠퍼스 관련 홍보를 진행하는 모습을 볼 수 있었다(그림 244~245).

그림 244. UoM 오픈데이의 그린캠퍼스 부스
(2017.8.20.)

그림 245. 그린캠퍼스 부스의 전시물

학내 네트워크 중 월 1회 개최되는 친환경옹호자 포럼(Sustainability Advocates Forum)은 이를 주관하는 그린캠퍼스 전담부서와 구성원 간 소통의 역할을 하며 그린캠퍼스 추진을 위한 논의의 장이다(그림 246). 총학생회의 환경부(그림 247)가 아나바다 등의 활동을 하고 있고 친환경관련 학생그룹에서 음식협동조합(Food Co-op)(그림 248), 도서협동조합(Book Co-op)(그림 249), 커뮤니티가든,

법대학생회의 환경부 등이 네트워크를 형성하고 있다. 음식협동조합(Food Co-op)은 지역공동체에 건강에 좋은 식품, 최소한의 가공식품을 제공하기 위하여 식품을 윤리적으로 조달하고, 지역에서 재배한 유기농 제품을 우선적으로 구입할 뿐만 아니라 포장재사용은 최소로 하여, 용기를 가져와 식품을 대량으로 구매하도록 한다. 도서협동조합(Book Co-op)에서 구성원들은 중고도서를 구입하거나 판매할 수 있으며 교환도 가능하다.

그림 246. 친환경옹호자 포럼(2017.8.23.)

그림 247. 총학생회의 환경부 사무실(Union House 2층)

그림 248. Food Co-op (Union House 2층)

그림 249. Book Co-op(Union House 2층)

4) 친환경 프로젝트를 위한 공간운영

FU는 교내구성원 및 대중과 네트워킹하고 있다. 직원, 학생과 대중에게 환경보호에 대한 정기적인 정보를 제공하고 있고, SchoolUni 활동 등을 추진하고 있다. SchoolUni 활동은 대학의 강의실, 세미나실, 실험실, 태양광설치지붕, 기상관측소, 구내식당, 식물원 등을 개방하여 학생과 직원들의 친환경과 기후행동에 관한 체험을 할 수 있도록 지원한다.

Aalto는 2014년에 Energy garage라고 하는 에너지관련 스터디를 위한 자유활용공간을 조성했는데, 이는 에너지 분야에 관심이 있는 학생, 연구자, 관련자를 위한 회의 및 연구 공간으로 활용하기 위한 것이다(그림 250~252).

그림 250. Aalto의 Energy garage: 작업공간

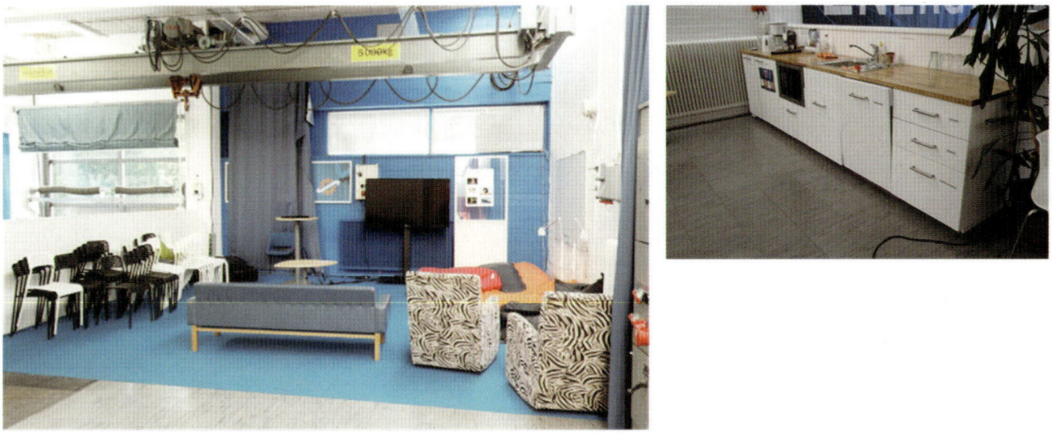

그림 251. Aalto의 Energy garage: 회의공간과 키친

그림 252. Aalto의 Energy garage: 옥상

### 5) 지역사회 봉사 프로그램

FU의 SUSTAIN IT! 프로그램은 일반대중의 친환경에 대한 인식증대, 더 높은 수준의 교육을 위한 세미나, 실천행동, 강의시리즈, 학술대회 등의 개최를 통해 친환경과 기후행동에 기여한다. 2010년에 시작되어, 학생과 교직원이 참여하고 있으며, 2011~2012년에는 친환경을 위한 Open days 개최, 2013년에는 강의시리즈 "From Knowledge to Change"를 운영하였다(그림 253~254).

그림 253. FU의 SUSTAIN IT! 연혁

그림 254. FU의 SUSTAIN IT! 이모저모

UoM은 2016년에 일반대중을 위한 친환경관련 무료강좌를 50개 이상 개설했으며, 교내에서 매주 수요일에 지역생산 친환경 식료품을 장려하는 파머스마켓이 열린다(그림 255).

그림 255. UoM에서 열린 파머스 마켓(2017.8.23.)

### 6) 국내외 친환경 행사 참여

Aalto는 국가 에너지효율주간과 지구촌전등끄기(Earth Hour) 등 각종 친환경 행사의 참여를 권장하고 있다.

## 4.3 네트워킹

조사대상들은 그린캠퍼스 또는 친환경 추진을 위한 온라인 네트워킹, 지역연계, 공공, 민간 부문과의 협력, 자국내 및 국제 그린캠퍼스 네트워크를 형성하고 있다.

### 1) 온라인 네트워킹

PSU는 그린캠퍼스 추진내용을 홈페이지에 공개하고 있고, Sustainability at PSU, Reuse Room, Bike Hub의 페이스북 페이지운영 등 온라인으로 친환경 네트워킹을 하고 있다.

### 2) 공공, 민간 부문과의 협력

FU는 지역연계 프로그램을 추진하고 있다. 베를린 브란덴부르크 지역의 연구기관들과 환경 네트워크를 추진하고, 베를린 시와 기후보호협약을 체결하였다.

Aalto는 그린캠퍼스 추진을 위해 국제, 국내, 협력단체/협약, 지역연계, 학내, 학생 간, 투자자, 동문 등 여러 네트워크를 형성하고 있다. 공공부문으로는 정부부처, 헬싱키시, 에스포시, 산업체, 대학교들과의 협력 네트워크를 구축하고 있다.

UoM은 UN 등 국제사회에서 채택한 보고서, 표준, 체제를 준수하며 국제, 국내, 학내 네트워크, 학생그룹 등 다양한 네트워크를 형성하고 있다. 도시환경의 친환경성과 거주성(liveability)에 관한 데이터 구축을 위한 대학간컨소시엄을 운영하여, 멜버른시와 협력하여 도심녹지공간의 확대가 가져오는 이점을 측정 및 보고하였다.

### 3) 자국내 그린캠퍼스 네트워크

Aalto는 국내 네트워크로, 국제개발을 위한 핀란드대학교 파트너십(Finnish University Partnership for International Development, UniPID)[17], 환경관리협회(Association of Environmental Management), 대학교행정환경네트워크(Environmental network of university governance) 등의 멤버로 활동하고 있다.

17) 국제개발을 위한 핀란드대학파트너십(Finnish University Partnership for International Development, UniPID)은 친환경에 관한 요하네스버그 정상회담에 의해 2002년 설립된, 국제적 책임감이라는 목표를 지원하는 핀란드 대학의 네트워크이다. http://www.unipid.fi/en/page/6/finnish_university_partnership_for_international_development_unipid/ (2016.10.03.).

### 4) 국제 그린캠퍼스 네트워크 및 성과보고

조사대상들은 국제그린캠퍼스네트워크(International Sustainable Campus Network, ISCN)[18]의 멤버로서 회의에 참석하고, 거의 매년 보고서를 제출하고 공개하고 있다.

FU는 2000년대 이전에는 에너지소비 감소를 위한 기술개발에 치중하였지만, 교내·외 다양한 네트워킹을 통한 참여확대가 중요하게 부각되어 2000년 이후에는 이를 위한 노력을 확대하고 있다. 외부기관 및 국내외 타 대학교와의 협력사업을 추진하여, 친환경교육 확대를 위한 독일내외의 다양한 대학교 연합에 참여하고 있다. 친환경을 위한 대학교 연합(University Alliance for Sustainability)은 베를린자유대학교, 이스라엘 히브리대학교, 캐나다 브리티시컬럼비아대학교, 러시아 상트페테르부르크대학교, 중국 베이징대학교 등 4개 대학과의 연합이고 UGAF는 유럽 수도권 대학들의 네트워크이다(그림 256).

Aalto는 국제 네트워크로 ISCN 외에도 북유럽그린캠퍼스네트워크(Nordic Sustainable Campus Network, NSCN), 대학행정을 위한 북유럽협의회(Nordic Association of University Administration, NUAS)[19] 등에 가입하였다.

그림 256. University Alliance for Sustainability 로고

18) 국제그린캠퍼스네트워크(International Sustaianable Campus Network, ISCN)는 2007년에 설립되어, 그린캠퍼스 운영, 연구, 교육을 위해 선도 대학 간 정보를 공유할 수 있는 글로벌 포럼을 제공하는 국제 네트워크이다. http://www.international-sustainable-campus-network.org/ (2016.10.03.).

19) 북유럽그린캠퍼스네트워크(Nordic Sustainable Campus Network, NSCN)은 2012년에 설립되어, 북유럽 고등교육기관의 친환경(Sustainability)을 향상, 지식을 관리 및 배포하여 북유럽 대학내 친환경관련 활동들을 지원을 목표로 노력하고 있으며, 대학행정을 위한 북유럽협의회(Nordic Association of University Administration, NUAS)와 합병되어 NUAS Sustainability Group으로서 NUAS의 일부가 되었다. http://nordicsustainablecampusnetwork.wordpress.com/about-nscn/ (2016.10.03.).

3부

# 그린캠퍼스 추진과 실천 가이드

이 책은 1부에서 왜 그린캠퍼스 추진이 필요한지와 그린캠퍼스와 관련된 우리나라의 제도들을 간단히 소개한 후, 2부에서 선진 그린캠퍼스의 추진내용을 살펴보았다. 3부에서는 국내 대학 캠퍼스를 그린캠퍼스로 추진하기위한 전략을 제안하고자 한다.

이를 위해, 1장에서는 2부에 이어서 선진 캠퍼스에서 구성원에게 장려하고 있는 실천지침 사례와, 대학 경영진의 그린캠퍼스 추진에 대한 재학생의 인식에 온도차가 있음을 설명하고, 2장에서는 우리나라의 추진실태가 어떠한지 살펴본 후, 3장에서 추진전략을 제안하고자 한다.

## 1. 선진 캠퍼스의 구성원 실천지침 사례

PSU는 학교 홈페이지에, FU와 Aalto는 브로셔 배부를 통해 캠퍼스 구성원들에게 지속가능한 생활실천 지침을 소개하고 장려하고 있다. 〈표 7〉에 PSU의 친환경 실천지침을 소개한다. 그러나, 이는 미국의 한 대학교의 사례이고, 우리나라 실정에 맞는 대학 구성원의 실천지침을 개발하는 후속연구가 필요한 실정이다. 저자는 전반적인 그린캠퍼스 추진을 위한 실천, 기숙사 생활을 위한 실천, 식생활 실천 등으로 구분하여 내용을 도출하고, 이 내용을 해당 공간에 부착 홍보하고 인센티브를 제공하는 등 장려방법에 대해서도 연구해야할 필요가 있다고 생각한다.

그 다음, PSU 학생들의 그린캠퍼스에 대한 인식 및 실천정도 조사결과로부터의 시사점을 언급하고자 한다. 이 조사결과는 대학 운영진의 추진과 재학생의 인식 및 실천에 온도차가 있음을 보여주기 때문이다. 이 조사결과와 같이, 그린캠퍼스 추진에 효과 제고를 위해서는 재학생을 대상으로 그린캠퍼스와 관련된 교육과 프로그램의 중요성을 반영할 필요가 있으며, 이는 우리나라 대학도 같은 상황으로 판단된다.

## 1.1 PSU의 친환경 실천지침

PSU는 그린캠퍼스에 국한하지 않고 넓은 범위의 친환경 및 건강을 위한 실천지침을 홈페이지에 소개하고 장려하고 있으며(표 7), 에너지절약 가이드라인, 기후행동 챔피언 가이드라인(그림 45~46) 등 범주별로 실천 가이드라인을 제시하거나, 기숙사 세탁실에 친환경세탁요령(그림 9)을 부착하고 장려하고 있다.

〈표 7〉 PSU의 친환경 실천지침

| |
|---|
| ■ 학교 통근시에는 대중교통이나 자전거, 카풀을 이용한다. |
| ■ 인증된 유기농 식품이나 지역생산품을 선택한다. |
| ■ 공정무역이나 직거래 상표가 부착된 제품을 선택한다. |
| ■ 친환경 해산물을 먹는다. |
| ■ 일회용품이 아닌 식기류를 사용한다. |
| ■ 쓰레기가 많이 발생되는 포장이 된 식품의 선택을 피한다. |
| ■ 조명등, 전기용품 등은 사용하지 않을 때에는 전원을 끈다. |
| ■ 절전형 멀티탭을 사용한다. |
| ■ 방 전체를 밝히기보다는 필요한 곳에만 조명을 비춘다. |
| ■ 블라인드 조절로 자연채광을 받아들여 조명시간을 줄인다. |
| ■ 세탁물은 모아서 세탁기를 돌리고 찬물을 사용한다. |
| ■ 현명하게 물을 사용한다. (수돗물은 틀어두지 않고, 수돗물이 새거나 흐르면 담당자에게 연락하고, 샤워는 짧게 한다.) |
| ■ 일회용 생수를 구입하는 대신 개인 물병을 사용하거나 음용시설에서 물을 먹는다. |
| ■ 프린트할 때 종이를 절약하거나(양면 프린트 또는 이면지 사용), 프린트 하지 않는다 (전자문서로 공유하고 읽고, 저장하기). |
| ■ 재활용, 재사용, 재생, 재제조한 제품을 구입한다. |
| ■ 물건을 구입하기 전에 PSU의 reuse room이나 물건기증 프로그램을 살펴본다. |
| ■ 자원을 절약하거나 쓰레기 및 매립의 영향을 줄이기 위해 종이나 병, 캔을 재활용한다. |
| ■ 음식물 쓰레기를 퇴비화한다. |

## 1.2 PSU 재학생의 지식 및 실천정도[13]

### 1) 조사 및 분석 방법

PSU의 그린캠퍼스 추진내용에 대한 연구과정에서, 물리적 측면인 시설의 변화나 설치가 중요하긴 하지만, 시설관리자 및 구성원의 이용 및 실천이 매우 중요하며, 따라서 구성원의 그린캠퍼스에 대한 이해라는 눈에 보이지 않는 측면의 중요성이 부각되어 학생들을 대상으로 한 설문조사의 필요성이 제기되었고, 이에 따라 재학생을 대상으로 설문조사를 진행하였다.

조사에 활용된 설문지는 〈표 8〉과 같이 크게 세부분으로, 학교의 그린캠퍼스 추진내용 및 시설물에 대한 인지여부, 학교에서 권장하고 있는 친환경 실천지침의 실천정도, 응답자 배경으로 구성하였다. 인지여부에 관하여 41개 항목, 실천정도에 관하여 18개 항목, 응답자 배경에 관하여 6개 문항이었다.

PSU의 친환경 실천지침을 포함한 그린캠퍼스 추진내용과 시설현황을 파악한 후, 설문지를 개발하였다. 개발된 설문지는 SRL(Survey Research Lab)의 컨설팅을 받아 수정, 보완한 후, 사전조사하여 이해도 검토과정을 거친 후 완성되었다. 인지여부는 친구에게 설명할 수 있을 정도로 알고 있다고 생각하는 항목을 체크하도록 하였고 생활지침의 실천정도의 척도는 '전혀 하지 않는다(Never)'에서 '자주 한다(Often)'까지 4단계 척도와 '해당없음(Not Applicable)' 선택지를 추가하였다.

〈표 8〉 PSU 재학생 대상 설문내용

| 분류 | 항목 내용 | 기입 방법 |
|---|---|---|
| 응답자 배경 | 성별, 재학기간, 캠퍼스 내 거주여부, 전공, 친환경관련 교과목 수강여부, 친환경관련 동아리 활동여부 | 자기기입식 오픈문항 |
| PSU 그린캠퍼스 추진내용 | PSU의 그린캠퍼스 시설 및 프로그램 41개에 대한 인지 여부 | 친구에게 설명할 수 있을 정도로 알고 있다고 생각되는 항목 표시 |
| 친환경 생활실천 정도 | PSU의 친환경 생활지침 18개에 대한 4점 척도 | 4점 척도 |

설문지 완성과 IRB 면제승인 후, PSU 재학생을 대상으로, 2015년 2월 5일부터 13일까지, 교양수업 중에서 성별, 학년, 전공이 무작위라고 판단되는 비교적 학생수가 많은 수업에서 설문지를 배부하고 회수하였다. 총 배부된 설문지는 264부, 회수된 유효 설문지는 209부이다.

수집된 자료는 SPSS프로그램을 이용하여 기술 통계값, 독립표본 t검정과 교차분석, 분산분석으로 분석하였다.

### 2) 조사결과

#### (1) 응답자 일반사항

응답자의 일반사항 분석결과, 성별은 남녀 유사하게 나타났고 재학기간은 1년 미만(33.0%)이 가장 많고 1년이상 2년미만(27.3%), 2년이상 3년미만(23.0%) 순이었다. 캠퍼스 거주여부는 현재 거주하지 않는 경우(70.8%), 과거에도 거주하지 않은 경우(79.7%)가 과반수 이상이었다. 친환경관련 수업 수강여부는 수강하지 않은 경우(84.2%), 친환경관련 학생활동에 등록 또는 참여여부도 하지 않은 경우(94.7%)가 대부분이었다.

#### (2) 그린캠퍼스 지식 및 실천정도

재학생의 그린캠퍼스에 대한 지식 및 실천정도 조사결과를 요약하면 다음과 같다.

■ 그린캠퍼스 추진내용에 대한 재학생의 인지정도는 〈표 9〉와 같이, 실제 PSU의 그린캠퍼스 추진내용 41가지에 대해 각 항목별로 전체 응답자의 평균 16.8%가 알고있다고 응답하였으며, 응답자별로는 평균 7개 알고 있는 것으로 나타났다.

■ 친환경 생활지침 실천정도를 살펴보면 〈표 10〉과 같이 '전혀 하지 않는다'(1점)에서 '자주 한다'(4점) 척도를 사용하였으며, 그 결과 각 항목별 실천정도는 평균 2.85로 나타났다.

■ 응답자의 배경과 그린캠퍼스 추진내용에 대한 인지정도, 생활지침 실천정도의 상관관계를 분석한 결과, 응답자의 캠퍼스 거주여부, 친환경관련 수업수강여부, 친환경관련 학생활동 참여여부는 그린캠퍼스에 대한 인지정도와 유의한 관계를 보였다. 캠퍼스에 거주한 경험이 있는 학생과 친환경관련 수업을 수강하고 학생활동에 참여한 학생이 그렇지 않은 학생보다 그린캠퍼스 추진내용에 대해 더 많이 인지하고 있었다.

■ 그린캠퍼스에 대한 인지정도와 생활지침 실천정도 사이에도 유의한 상관관계가 나타났는데, 인지정도가 높을수록 'Choosing certified organic foods or selecting local produce', 'Purchasing recycled, used, refillable, or remanufactured products', 'Checking with PSU's Reuse Room and Surplus Property Program before purchasing' 세 항목에서 실천정도가 높게 나타났다.

■ 결론적으로, PSU는 그린캠퍼스 조성을 위한 대학 경영진과 담당부서의 다각적인 노력이 이루어지고 있는 반면, 재학생의 인지 및 실천정도는 차이가 있었다. 설문조사 결과, 그린캠퍼스 추진내용 및 시설물에 대한 학생들의 인지 정도가 낮음을 알 수 있다. 하지만 학생들의 재학기간이 길수록, 친환경관련 교과의 수강, 친환경관련 학생활동에 참여한 경우가 인지 정도가 높은 것을 볼 때, 교육의 효과를 확인할 수 있었다. 따라서 PSU의 그린캠퍼스 추진에 효과 제고를 위해서는 재학생을 대상으로 그린캠퍼스와 관련된 교육과 프로그램의 중요성을 반영할 필요가 있다.

〈표 9〉 그린캠퍼스 항목에 대한 인지정도

N=209

| 문항 | | 빈도 | 백분율 |
|---|---|---|---|
| Education Program & Student Activity | Living Lab Initiative | 6 | 2.9 |
| | Sustainability volunteer program | 9 | 4.3 |
| | Green student groups | 11 | 5.3 |
| | Campus gardens | 50 | 23.9 |
| | EcoReps program | 9 | 4.3 |
| | Student Sustainability Leadership Council | 7 | 3.3 |
| | Sustainability scholar group | 0 | 0 |
| | Sustainability-related and focused courses | 15 | 7.2 |
| Green building | LEED Certified building | 56 | 26.8 |
| | Low-emitting materials | 20 | 9.6 |
| | Occupancy sensor control for lighting | 38 | 18.2 |
| | Ventilation system for IAQ | 0 | 0 |
| | Radiant heating and cooling panels | 21 | 10.0 |
| Waste Reduction & Recycling | Recyclemania | 9 | 4.3 |
| | Mug runners program | 5 | 2.4 |
| | Chuck it for charity program | 11 | 5.3 |
| | Lending library (on online) | 27 | 12.9 |
| | Reusable to-go containers program | 38 | 18.2 |
| | Work order center for special request materials (on online) | 8 | 3.8 |
| | Reuse room (in Cramer Hall) | 88 | 42.1 |
| | Pop-up-swaps | 4 | 1.9 |
| | Surplus property program | 3 | 1.4 |
| | Outdoor compost bin | 49 | 23.4 |
| Transportation | Transit passes through campus | 128 | 61.2 |
| | Bike hub | 116 | 55.5 |
| | Bike land (on Broadway) | 96 | 45.9 |
| | Bike to PSU Challenge & Bike Commute Challenge | 27 | 12.9 |
| | Electric avenue | 93 | 44.5 |
| | VikeBikes program | 13 | 6.2 |
| | Zipcar for free or lower rates program | 66 | 31.6 |

| 문항 | | 빈도 | 백분율 |
|---|---|---|---|
| Energy | Solar photovoltaic (PV)<br>LED fixtures at parking garages<br>Lights off reminder stickers on switches | 23<br>30<br>60 | 11.0<br>14.4<br>28.7 |
| Storm water plan | Rainwater harvesting (at Epler Hall, ASRC)<br>Pervious pavers<br>Water efficient fixtures (in restrooms)<br>Storm water planters<br>Bioswales (at Helen Gordon, Epler Hall)<br>Green(Eco) roofs | 36<br>6<br>44<br>20<br>15<br>48 | 17.2<br>2.9<br>21.1<br>9.6<br>7.2<br>23.0 |
| Land Use | Green pedestrian corridor (in Montgomery Street)<br>Clean air corridor (form the end of Lincoln Hall to the end of Shattuck Hall) | 34<br>99 | 16.3<br>47.4 |
| 평균 | | 35.1 | 16.8 |

백분율은 각 항목별 응답자수/전체 응답자수(209)를 의미함.

〈표 10〉 친환경 생활지침 실천정도

f(%), N=209

| 문항 | Never | Sel-dom | Some times | Often | N/A | 계 | 평균 |
|---|---|---|---|---|---|---|---|
| Using public transportation, a bicycle, or ride share for commuting | 23<br>(11.0) | 18<br>(8.6) | 31<br>(14.8) | 134<br>(64.1) | 3<br>(1.4) | 209<br>(100) | 3.34 |
| Choosing certified organic foods of selecting local produce | 25<br>(12.0) | 59<br>(28.2) | 82<br>(39.2) | 42<br>(20.1) | 0<br>(0) | 208<br>(100) | 2.68 |
| Seeking out fair or direct trade labeled products | 73<br>(34.9) | 63<br>(30.1) | 40<br>(19.1) | 18<br>(8.6) | 12<br>(5.7) | 206<br>(100) | 2.02 |
| Eating sustainable seafood | 61<br>(29.2) | 56<br>(26.8) | 42<br>(20.1) | 21<br>(10.0) | 28<br>(13.4) | 208<br>(100) | 2.13 |
| Using durable dishes | 11<br>(5.3) | 18<br>(8.6) | 52<br>(24.9) | 120<br>(57.4) | 7<br>(3.3) | 208<br>(100) | 3.40 |
| Avoiding foods with lots of disposable packaging | 34<br>(16.3) | 67<br>(32.1) | 71<br>(34.0) | 33<br>(15.8) | 3<br>(1.4) | 208<br>(100) | 2.50 |
| Turning off lights, electronic equipment, and appliances when not using them | 2<br>(1.0) | 10<br>(4.8) | 52<br>(24.9) | 143<br>(68.4) | 1<br>(.5) | 208<br>(100) | 3.62 |
| Switching off power strips when feasible | 56<br>(26.8) | 55<br>(26.3) | 37<br>(17.7) | 56<br>(26.8) | 5<br>(2.4) | 209<br>(100) | 2.46 |

| 문항 | Never | Sel-dom | Some times | Often | N/A | 계 | 평균 |
|---|---|---|---|---|---|---|---|
| Focusing light where it's needed, instead of lighting the entire room | 22 (10.5) | 63 (30.1) | 58 (27.8) | 66 (31.6) | 0 (0) | 209 (100) | 2.80 |
| Taking natural light by adjusting blinds | 6 (2.9) | 30 (14.4) | 63 (30.1) | 107 (51.2) | 3 (1.4) | 209 (100) | 3.32 |
| Running the washing machine when it is full and using cold water | 18 (8.6) | 36 (17.2) | 52 (24.9) | 90 (43.1) | 13 (6.2) | 209 (100) | 3.09 |
| Using water wisely(not letting faucets run, reporting drips and leaks, taking short shower, etc.) | 4 (1.9) | 37 (17.7) | 70 (33.5) | 94 (45.0) | 2 (1.0) | 207 (100) | 3.24 |
| Avoiding waste by drinking from reusable water bottles or the tap instead of purchasing single-use water bottles | 9 (4.3) | 23 (11.0) | 46 (22.0) | 129 (61.7) | 1 (.5) | 208 (100) | 3.43 |
| conserving paper when printing(printing double-sided or on the back side of used paper) or not printing (sharing, reading, and storing documents electronically) | 10 (4.8) | 23 (11.0) | 69 (33.0) | 105 (50.2) | 0 (0) | 207 (100) | 3.30 |
| Purchasing recycled, used, refillable, or remanufactured products | 18 (8.6) | 54 (25.8) | 91 (43.5) | 40 (19.1) | 4 (1.9) | 207 (100) | 2.75 |
| Checking with PSU's Reuse Room and Surplus Property Program before purchasing | 112 (53.6) | 42 (20.1) | 26 (12.4) | 22 (10.5) | 4 (1.9) | 206 (100) | 1.79 |
| Recycling paper, bottles, and cans to conserve resources and to reduce waste and landfill impacts | 9 (4.3) | 22 (10.5) | 58 (27.8) | 118 (56.5) | 1 (.5) | 208 (100) | 3.38 |
| Composting food scraps | 76 (36.4) | 53 (25.4) | 35 (16.7) | 41 (19.6) | 3 (1.4) | 208 (100) | 2.20 |
| 평균 | | | | | | | 2.85 |

무응답 제외

# 2. 우리나라의 그린캠퍼스 추진실태[12]

우리나라의 그린캠퍼스 추진실태를 크게 두가지 측면에서 살펴본다. 첫 번째는 제도적 측면의 실태로서, 우리나라의 그린캠퍼스 관련 제도들은 1부에서 살펴보았고, 각 대학에서 그린캠퍼스를 추진하는데 있어서 가이드가 될 만한 내용이 없는지 파악할 필요가 있어서 이를 1절에 소개한다. 두 번째는 각 대학의 실제 추진정도로서, 이를 위해 전국 대학교의 그린캠퍼스 담당자를 대상으로 설문조사를 하였고, 그 내용을 2절에 소개하고자 한다.

## 2.1 환경부 지원사업에 의한 추진 가이드

저자는 2016년에 우리나라의 그린캠퍼스 추진실태를 파악하기 위한 연구를 진행하였으며, 우리나라에 그린캠퍼스 추진 가이드가 있는지 살펴보았는데, 공식적인 가이드는 없었고, 가장 공식적인 가이드에 가깝다고 판단되는 자료는 환경부 '그린캠퍼스 선정 및 조성지원 계획' 공고에 포함되어 있는 '그린캠퍼스 사업계획서 평가표 및 평가기준'이었으므로, 이를 소개한다.

환경부 그린캠퍼스 지원사업에 지원하기 위한 사업계획서를 평가하기 위한 평가항목은 〈표 11〉과 같고, 평가기준은 다음과 같다.

〈표 11〉 환경부 그린캠퍼스 지원사업의 사업계획서 평가표

| 평가 항목 | | |
|---|---|---|
| 지속가능한 운영<br>(24점) | 정책(10) | - 대학의 지속가능성 정책<br>- 그린캠퍼스 관련 정보 외부 공개<br>- 사회적 책임 관련 활동 여부 |
| | 운영조직(6) | - 그린캠퍼스 전담조직 구성 |
| | 모니터링(2) | - 에너지 사용량 모니터링<br>- 수자원 사용량 모니터링 |
| | 소비(6) | - 친환경 인증 제품 구매<br>- 탄소 성적 인증 제품 구매<br>- 친환경 식단 운영<br>- 지역생산품 구매 |
| 교육 및 연구<br>(25점) | 교육과정(13) | - 전공 또는 부전공<br>- 교양과목<br>- 필수교양과목<br>- 기존 교과 반영<br>- 통합 교과 |
| | 교육 프로그램(7) | - 학생 자율 참여 프로그램 운영<br>- 학생 의무 교육 프로그램 운영<br>- 교직원 연수 프로그램 운영 |
| | 연구성과(5) | - 환경·지속가능성 분야 연구기관 운영<br>- 관련 분야 연구 실적(계획) |
| 참여 확산<br>(13점) | 캠퍼스참여(5) | - 그린캠퍼스 관련 학생단체 지원(동아리 등)<br>- 그린캠퍼스 관련 프로그램 행사 지원(학술제 등) |
| | 공공참여(8) | - 국내·외 대학 간 교류<br>- 지역사회 참여<br>- 타 영역과의 협력(정부, 기업 등) |
| 친환경교정조성<br>(38점) | 에너지(8) | - 에너지 효율 설비 도입<br>- 에너지 절약 건축물 제도 운영<br>- 신재생 에너지 사용 확대 |
| | 온실가스(9) | - 인벤토리 구축<br>- 온실가스 감축<br>- 실험실 온실가스 관리 운영 |
| | 교통(4) | - 교내 대중교통 인프라 구성<br>- 대중교통 이용 활성화제도 운영 |
| | 수자원(4) | - 수자원 활용<br>- 투수 면적 확대<br>- 물 소비량 저감 |
| | 폐기물(7) | - 전자폐기물 분리수거<br>- 쓰레기 분리수거<br>- 음식물 쓰레기 저감 방안 운영<br>- 폐기물 발생량 저감 방안 운영 |
| 친환경교정조성<br>(38점) | 보건환경(3) | - 실험실 유해물 처리<br>- 공기의 질 확보 |
| | 녹지(3) | - 녹지공간 확대<br>- 교내 생태 환경 현황 조사 및 모니터링 |

출처 : 환경부 '2016 그린캠퍼스 선정 및 조성지원 계획' 공고

### 1) 지속가능한 운영

- 대학의 지속가능성 정책: 대학의 지속가능성 및 그린캠퍼스 관련 정책이 대학의 장기발전 계획에 반영되기 위한 준비 과정 혹은 계획
- 그린캠퍼스 관련 정보 외부 공개: 대학이 운영하는 온·오프라인을 통한 그린캠퍼스 관련 정보(온실가스 배출량, 에너지사용량, 감축목표 등)의 공개 계획
- 사회적 책임 관련 활동 여부: 지속가능보고서 작성, ISO 인증, global compact 가입 등 사회적 책임 관련 활동 여부 계획
- 그린캠퍼스 전담조직 구성: 학교의 그린캠퍼스 목표 달성을 주 업무로 하는 전담 조직 구성 계획
- 에너지 사용량 모니터링: 에너지 사용량을 측정하는 계량기를 설치하고 이에 대한 모니터링 실시 계획
- 수자원 사용량 모니터링: 물 사용량을 측정하는 계량기를 설치하고 이에 대한 모니터링 실시 계획
- 친환경 인증 제품 구매: 친환경 인증 제품 및 GR마크 인증 제품 구매를 촉진하기 위한 교내 지침마련 또는 제도운영 계획
- 탄소 성적 인증 제품 구매: 탄소 성적 인증 제품 구매를 촉진하기 위한 교내 지침 지침마련 또는 제도운영 계획
- 친환경 식단 운영: 학교 급식 메뉴 중 채식 및 유기농 식단을 상시 제공하기 위한 계획
- 지역생산품 구매: 같은 광역지자체 내의 농부 및 생산자로부터 농산물 또는 물품을 구매하기 위한 지침마련 또는 제도운영 계획

### 2) 교육 및 연구

- 전공 또는 부전공: 환경 및 지속가능성 관련 전공 또는 부전공과목을 제공하기 위한 관련 계획
- 교양과목: 환경 및 지속가능성 관련 교양과목 개설을 증대하기 위한 관련 계획
- 필수교양과목: 재학생들에게 환경 및 지속가능성 관련 필수교양과목 지정을 위한 관련 계획

- 기존 교과 반영: 기존 학문분야(학과)에 환경 및 지속가능성 반영을 높이기 위한 관련 계획
- 통합 교과: 그린리더십 인증제, 에코트랙과 같이 학과 구분 없이 선택할 수 있는 환경 및 지속가능성 관련 통합 교과과정 제공을 위한 관련 계획
- 학생 자율 참여 프로그램 운영: 교과 강좌를 제외한 환경 및 지속가능성 분야의 학생 교육 프로그램 제공을 위한 관련 계획(예: 인턴십, 워크숍, green career program 등)
- 학생 의무 교육 프로그램 운영: 캠퍼스 내 환경 상황 및 그린캠퍼스 활동 등을 알리기 위해 재학 중 필수적으로 참가해야 하는 교육 프로그램의 운영을 위한 관련 계획(예: 신입생 오리엔테이션 시 그린캠퍼스 교육)
- 교직원연수 프로그램 운영: 교내 교직원이 참여하는 환경 및 지속가능성 분야 역량 증진 프로그램을 위한 관련 계획
- 환경·지속가능성 분야 연구기관 운영: '환경', '지속가능', '에너지', '기후변화' 등의 분야 연구를 전담하는 교내 연구기관을 위한 관련 계획
- 관련분야 연구실적(계획): 환경 및 지속가능성 분야의 교수연구 실적향상을 위한 관련계획

### 3) 참여 확산

- 그린캠퍼스 관련 학생단체 지원(동아리 등): 그린캠퍼스 관련 학생단체(동아리, 학생위원회 등)를 위한 관련 계획
- 그린캠퍼스 관련 프로그램 행사 지원(학술제 등): 교과과정 이외의 그린캠퍼스 관련 모든 프로그램 행사(그린캠퍼스 학술제, 공모전, 봉사활동, 에너지절약 캠페인 등)를 위한 관련 계획
- 국내·외 대학 간 교류: 그린캠퍼스 실천 사례를 공유하고 대학 간 정보를 교환하기 위한 국내 대학 간 그린캠퍼스 네트워크 참여와 해외대학 간 교류를 위한 관련 계획
- 지역사회 참여: 대학이 지역사회에 제공 또는 지역사회와 협력하는 지속가능성 관련 프로그램 개설 (녹색 장터, 바자회, 지역주민 대상 아카데미 등) 관련 계획
- 타 영역과의 협력(정부, 기업 등): 그린캠퍼스 관련 타 영역(시민사회, 정부, 기업 등)과의 네트워크 및 협력을 위한 관련 계획

#### 4) 친환경교정 조성

- 에너지 효율 설비 도입: 에너지 효율을 개선하기 위한 설비도입 계획
- 에너지 절약 건축물 제도 운영: 건축물의 에너지 절약을 위한 제도/지표의 적용과 관련된 계획
- 신재생 에너지 사용 확대: 교내 에너지 사용량 중 재생 에너지 발전이 차지하는 비율을 증대시키기 위한 계획
- 인벤토리 구축: 연간 전 부문 온실가스 배출량 인벤토리 구축을 위한 계획
- 온실가스 감축: 온실가스 인벤토리 구축 계획을 바탕으로 산출된 연간 온실 가스 감축량 계획
- 실험실 온실 가스 관리 운영: 실험실 온실가스 관리 지침 마련을 위한 계획
- 대중교통 이용 인프라 구성: 학교 상황에 따른 대중교통 이용 장려 또는 개인 승용차 차량 이용을 저감 유도할 수 있는 시설물 마련을 위한 계획
- 대중교통 이용 활성화제도 운영: 대중교통 이용을 활성화시키기 위한 대학 내/외 대중교통 이용 장려 프로그램, 승용차 요일제, 카풀제 등의 대중교통 이용 활성화 방안 운영 및 홍보를 위한 계획
- 수자원 활용: 빗물 및 중수 활용을 위한 관련시설의 설치 계획
- 투수 면적 확대: 교내 대지면적 중 투수면적 확대를 위한 계획
- 물 소비량 저감: 1인당 캠퍼스 내 물 사용량을 저감하기 위한 계획
- 전자 폐기물 분리수거: 전자폐기물의 분리수거율을 높이기 위한 계획
- 쓰레기 분리수거: 교내 쓰레기 분리수거율을 높이기 위한 계획
- 음식물 쓰레기 저감 방안 운영: 음식물 쓰레기 분리수거 시설 설치 및 저감·퇴비화 계획
- 폐기물 발생량 저감 방안 운영: 1인당 폐기물 발생량을 저감하기 위한 계획
- 실험실 유해물 처리: 관련법(유해화학물질관리법)에 의해 실험실에서 배출되는 유해물질 처리에 관한 계획
- 공기의 질 확보: 다중이용시설물(도서관, 학생식당 등)의 실내 공기 질 모니터링을 위한 계획
- 녹지공간 확대: 전체 녹지면적의 보전 및 확대를 위한 계획
- 교내 생태 환경 현황 조사 및 모니터링: 학교 내 생태환경 현황조사 및 모니터링 계획

## 2.2 전국 대학교의 그린캠퍼스 추진실태

### 1) 연구설계 및 방법

(1) 조사도구개발

전국 대학교를 대상으로 한 그린캠퍼스 추진실태 파악을 위한 조사도구개발은, 앞에 소개한 2016년 환경부'그린캠퍼스 사업계획서 평가표와 선진사례에 대한 해외조사결과를 취합하여 추진 범주 및 요소 종합표를 작성하였다. 이 취합된 내용을 요약하여 조사도구를 개발한 후, 전문가 검토결과에 따라 수정 보완하여 완성하였다(표 12).

(2) 조사 및 분석 방법

2017년 2월 23일에 연구책임자 소속 대학교 총장명의의 '그린캠퍼스 추진현황 설문응답 요청'이라는 제목의 전자문서를  395개 대학에 발송하였으며, 총 92개 대학에서 유효응답을 받아 응답률은 23.3%였다.

설문응답 자료는 SPSS프로그램을 이용하여 단순통계, 독립표본 t검정, 일원배치 분산분석으로 분석하였다.

〈표 12〉 조사내용

<table>
<tr><th colspan="2">분류</th><th>항목</th><th>기입 방법</th></tr>
<tr><td colspan="2">그린캠퍼스 추진요소별 실시여부</td><td>그린캠퍼스 추진요소 72개 항목 중 응답학교에서 실시했거나 실시 중인 항목</td><td>실시한 경우 체크 박스에 클릭</td></tr>
<tr><td rowspan="5">응답학교 및 응답자의 일반사항</td><td rowspan="2">응답학교의 일반사항</td><td>대학명, 단과대학 수, 학생 수, 교직원 수</td><td>직접기입</td></tr>
<tr><td>대학 유형</td><td rowspan="2">보기 2개 중 택일</td></tr>
<tr><td rowspan="2">그린캠퍼스 조성사업 관련사항</td><td>환경부 또는 지자체의 '저탄소 그린캠퍼스 조성사업' 선정 여부, 지원기간</td></tr>
<tr><td>선정연도</td><td rowspan="3">직접기입</td></tr>
<tr><td>그린캠퍼스 담당자(응답자) 일반사항</td><td>응답자의 부서와 직위, E-mail, 핸드폰번호<br>(설문답례 기프트콘 발송을 위한 항목)</td></tr>
<tr><td colspan="3">그린캠퍼스 추진관련 자유의견</td></tr>
</table>

## 2) 추진실태 조사결과

### (1) 응답학교 및 응답자의 일반사항

응답학교의 일반사항으로, 대학유형은 전체 92개교 중 사립 73개교(79.3%), 국공립 19개교(20.7%)로 나타났고, 단과대학 수는 1~5개 48개교(52.2%), 6~10개 21개교(22.8%), 11~15개 14개(15.2%), 16개 이상 9개교(9.8%) 순으로 나타났다. 응답학교의 학생 수는 1~5,000명 37개교(40.2%), 5,001~10,000명 27개교(29.3%), 20,001명 이상 11개교(12.0%), 10,001~15,000명 9개교(9.8%), 15,001~20,000명 8개교(8.7%) 순으로, 교직원 수는 1~300명 46개교(50.0%), 301~600명 14개교(15.2%), 601~900명 11개교(12.0%), 1,501명이상 10개교(10.9%), 901~1,200명 7개교(7.6%), 1,201~1,500명 4개교(4.3%) 순으로 나타났다.

환경부 또는 지자체의 '저탄소 그린캠퍼스 조성사업' 선정여부는 미선정이 70개교(76.1%), 선정이 22개교(23.9%)로 나타났다. 선정학교의 조성사업 선정연도는 2014년 6개교(27.3%), 2011년, 2013년 5개교(22.7%), 2012년, 2015년, 2016년 3개교(13.6%), 2009년 1개교(4.5%) 순으로, 지원기간은 3년간 17개교(77.3%), 1년간 5개교(22.7%)로 나타났다.

그린캠퍼스 담당자(응답자)의 소속은 시설관련부서 44개교(47.8%), 사무관련부서 15개교(16.3%), 기획관련부서 10개교(10.9%), 총무관련부서 6개교(6.5%), 관련학과 6개교(6.5%), 교학관련부서 5개교(5.4%) 순으로 나타났고, 그린캠퍼스 부서는 5개교(5.4%) 뿐이었다. 직위는 대리·주임·사원 등 46개교(50.0%), 과장·차장 15개교(16.3%), 계장·팀장 11개교(12.0%), 그린캠퍼스 사업단 소속의 교수·대학원생 2개교(2.2%)였다.

### (2) 그린캠퍼스 추진정도 (표 13)

■ 조사결과, 92개 응답학교의 추진요소별 추진정도는 실시학교 2개교(2.2%)에서 67개교(72.8%)로 전체 평균은 20.5개교(22.3%)로 나타났고, 응답학교별 추진정도는 72개 추진요소 중 최저 0개(0%)에서 최고 53개(73.6%)로 평균 16.1개(22.3%)로 나타나, 추진요소별 추진정도와 응답학교별 추진정도 모두 낮은 편으로 나타났다.

■ 전체응답학교에서 실시비율이 높게 나타난 추진요소의 배경요인은 현행 법규의 의무조항, 필요성에 대한 인식 등으로 분석되었다. 그린캠퍼스 조성사업 선정학교에서 미선정학교보다 실시비율이 월등히 높은 추진요소들이 다수 있어 사업진행의 중요성을 알 수 있으며, 그린캠퍼

스 추진을 위한 선행요소, 저예산으로 추진가능한 요소, 사업계획서 평가항목과 유관한 요소의 실시비율이 높았고, 추진이 용이하지 않은 요소 중에서도 실시비율이 높게 나타난 항목은 대학경영진의 관심과 의지, 조성사업에 의한 기술지원 등이 배경요인으로 생각된다.

■ 실시비율이 낮게 나타난 추진요소의 배경요인은 많은 예산과 준비기간 필요, 보편화되지 않은 개념, 전담인력이나 관련정보의 미흡 등으로 판단된다. 이러한 분석결과는 그린캠퍼스 추진 관련 자유의견에서 '정부의 지속적인 그린캠퍼스 추진지원(예산편성, 제도마련), 포스트그린캠퍼스 추진, 정부의 그린캠퍼스 관리주체 일원화, 교육부 구조개혁평가에 그린캠퍼스 항목추가'의 필요성이 가장 많이 제기된 결과와 유관하다.

■ 따라서 국내 그린캠퍼스 추진확산을 위해 다음과 같이 제안한다.

첫째, 각 학교 측면에서는, 그린캠퍼스 추진정도가 낮은 실태이므로 추진을 확산하기 위해 대학경영진이 의지를 가지고 예산을 편성하고 그린캠퍼스를 전담할 담당부서를 조직하여 종합장기계획을 수립하는 등 선행요소부터 진행하며, 지원제도를 적극적으로 활용하는 것이 필요하다. 건물부문의 에너지사용 감축을 위해 그린리모델링, 온실가스 인벤토리 구축 등이 핵심요소임을 인식하고 실시할 필요가 있으며, 관련정보 제공을 위한 시스템을 구축하고, 구성원의 참여와 실천에 의해 저예산으로 실시할 수 있는 추진요소의 우선시작을 검토할 것을 제안한다.

둘째, 정책적 측면에서는, 현행 법규의 의무조항에 해당하는 추진요소는 실시비율이 높은 것으로 나타난 것으로 보아 그린캠퍼스 관련 제도를 정비·신설하는 것이 중요하고, 신재생에너지 지원제도의 활용비율이 낮게 나타났으므로 지원제도에 대한 적극홍보, 그린캠퍼스 및 온실가스 감축에 대한 인식 확산을 위해 교육, 캠페인 등의 실시를 제안한다. 그린캠퍼스 조성사업은 현재 환경부, 서울시, 경기도에서만 시행하는 그린캠퍼스 지원제도로, 선정학교의 추진정도가 높은 것으로 나타났으므로 많은 학교가 그린캠퍼스 관련 사업에 참여할 수 있도록 홍보할 필요가 있다. 또한, 사업예산과 선정학교별 지원예산을 증액하여 탄소배출저감을 위한 핵심요소나 현재 실시비율이 미진한 그린리모델링과 같은 시설관련 요소를 추진할 수 있도록 예산과 기술지원이 마련되어야 한다. 조성사업 신청시 작성하는 그린캠퍼스 사업계획서 평가항목이 추진에 영향을 미치는 것으로 나타났으로, 추진요소의 성격에 따라 평가항목의 중요도나 배점을 변경 및 개선해나갈 필요가 있다. 조성사업을 진행한 학교가 지속적이고 발전된 추진이 가능하도록 하는 후속지원사업의 진행이 요구되며, 대학캠퍼스의 그린화와 관련된 정부의 관리주체를 일원화하여 추진할 것을 제안한다.

셋째, 그린캠퍼스협의회, 환경단체 등 관련단체 측면에서는, 대학 구성원의 실천을 유도하기 위해 전국 모든 캠퍼스에서 활용할 수 있는 구체적인 실천사항에 관한 가이드를 제작·보급하고, 외국의 Sustainability Ranking 또는 Green School Ranking과 같은 대학별 그린캠퍼스 추진의 축적된 정도 또는 연간 추진실적 등의 국내평가순위를 발표함으로써 대학의 추진을 유도할 수 있다.

〈표 13〉 그린캠퍼스 추진요소별 추진정도

전체 N=92, 선정 N=22, 미선정 N=70

| 추진 범주 | | 추진요소 | 전체 | | 조성사업 선정 | | 조성사업 미선정 | |
|---|---|---|---|---|---|---|---|---|
| | | | f | % | f | % | f | % |
| 지속가능한 운영 | 정책 | 1. 그린캠퍼스를 위한 종합장기계획 수립 | 22 | 23.9 | 13 | 59.1 | 9 | 12.9 |
| | | 2. 그린캠퍼스 예산 편성 | 26 | 28.3 | 16 | 72.7 | 10 | 14.3 |
| | | 3. 그린캠퍼스 추진내용 외부공개 : 웹사이트, 블로그 등 운영 | 9 | 9.8 | 8 | 36.4 | 1 | 1.4 |
| | | 4. 그린캠퍼스 추진 보고서 작성, 공개 | 18 | 19.6 | 13 | 59.1 | 5 | 7.1 |
| | | 5. 환경관리시스템 운영 (예 : ISO 14001 등) | 4 | 4.3 | 2 | 9.1 | 2 | 2.9 |
| | 운영조직 | 6. 그린캠퍼스 전담부서 | 14 | 15.2 | 8 | 36.4 | 6 | 8.6 |
| | | 7. 그린캠퍼스 운영위원회 또는 조사평가팀 | 18 | 19.6 | 15 | 68.2 | 3 | 4.3 |
| | | 8. 그린캠퍼스 범주별 업무팀 (예 : 에너지효율팀, 폐기물관리팀, 실내공기질 조사팀 등) | 17 | 18.5 | 8 | 36.4 | 9 | 12.9 |
| | 모니터링 | 9. 에너지 사용량 모니터링 | 67 | 72.8 | 20 | 90.9 | 47 | 67.1 |
| | | 10. 수자원 사용량 모니터링 | 40 | 43.5 | 11 | 50.0 | 29 | 41.4 |
| | 소비 | 11. 친환경구매 : 지속가능한 구매를 위한 단체 가입, 친환경 인증제품, 에너지효율 등급이 높은 제품, 탄소성적 인증제품, 지역생산품, 공정거래 제품 등 구매 | 35 | 38.0 | 13 | 59.1 | 22 | 31.4 |
| | | 12. 구매품의 데이터화에 의한 구매계획, 구매량 및 재고 최소화 (구매품의 예 : 정보통신관련 구매품, 사무용품, 교육 및 연구물품, 도서, 복사용지 등) | 21 | 22.8 | 6 | 27.3 | 15 | 21.4 |
| | | 13. 구내식당의 친환경식단 제공 : 지역생산 및 유기농 식재료, 채식추구, 포장 최소화 | 21 | 22.8 | 6 | 27.3 | 15 | 21.4 |
| 교육 및 연구 | 교육과정 | 14. 학부, 대학원에 친환경관련 전공 또는 연계전공 개설 | 17 | 18.5 | 11 | 50.0 | 6 | 8.6 |
| | | 15. 학부과정에 친환경관련 교양과목 개설 증대 | 16 | 17.4 | 12 | 54.5 | 4 | 5.7 |
| | | 16. 학부과정에 친환경관련 필수교양과목 지정 | 10 | 10.9 | 9 | 40.9 | 1 | 1.4 |
| | | 17. 학부, 대학원의 기존 학문분야에 친환경 반영 | 12 | 13.0 | 8 | 36.4 | 4 | 5.7 |
| | | 18. 학부, 대학원에 통합 교과과정 제공 (예 : 그린리더십 인증제, 에코트랙 등) | 3 | 3.3 | 2 | 9.1 | 1 | 1.4 |

| 추진 범주 | | 추진요소 | 전체 | | 조성사업 선정 | | 조성사업 미선정 | |
|---|---|---|---|---|---|---|---|---|
| | | | f | % | f | % | f | % |
| 교육 및 연구 | 교육 프로그램 | 19. 친환경관련 학생 자율참여 프로그램 운영 (예 : 인턴십, 워크숍, green career program 등) | 14 | 15.2 | 11 | 50.0 | 3 | 4.3 |
| | | 20. 친환경관련 학생 의무교육 프로그램 운영 (예 : 신입생 오리엔테이션 시 그린캠퍼스 교육 등) | 7 | 7.6 | 6 | 27.3 | 1 | 1.4 |
| | | 21. 친환경관련 교직원 연수프로그램 운영 | 10 | 10.9 | 8 | 36.4 | 2 | 2.9 |
| | | 22. 건물별 에너지 생산 및 소비 정보를 로비에 부착 또는 스크린 설치 (예 : 그 건물의 전기, 열, 물 소비량, 신재생설비에 의해 생산되는 에너지량, 빗물저장량 등에 관한 도표) | 15 | 16.3 | 6 | 27.3 | 9 | 12.9 |
| | | 23. 친환경 시설물 및 요소에 설명문 또는 표식 부착 (예 : 건물입구에 태양광설비가 설치되어있음 및 효과를 알 수 있는 문구 부착 등) | 18 | 19.6 | 8 | 36.4 | 10 | 14.3 |
| | 연구성과 | 24. 친환경 실천 안내문 및 스티커 부착 (예 : 전등끄기 스티커, 기숙사 세탁실에 친환경 세탁방법 안내문 등) | 40 | 43.5 | 16 | 72.7 | 24 | 34.3 |
| | | 25. 친환경 분야 연구기관 운영 | 10 | 10.9 | 7 | 31.8 | 3 | 4.3 |
| | | 26. 친환경 분야의 연구 추진 지원 | 10 | 10.9 | 7 | 31.8 | 3 | 4.3 |
| | | 27. 그린캠퍼스 관련 연구 또는 프로젝트 진행 | 18 | 19.6 | 9 | 40.9 | 9 | 12.9 |
| 참여확산 | 캠퍼스 참여 | 28. 친환경관련 학생단체 지원 (예 : 학생회, 동아리, 학생위원회, 동문 네트워크 등) | 23 | 25.0 | 15 | 68.2 | 8 | 11.4 |
| | | 29. 친환경관련 프로젝트 공간 운영 (예 : 에너지 관련 스터디를 위한 공간 등) | 7 | 7.6 | 4 | 18.2 | 3 | 4.3 |
| | | 30. 친환경관련 프로그램, 행사 지원 (예 : 그린캠퍼스 학술제, 공모전, 봉사활동, 에너지절약 캠페인, 프로젝트, 서명, 체험, 에너지효율 경진대회, 폐기물 감소와 재활용 발표대회, 자전거타기 대회 등) | 31 | 33.7 | 18 | 81.8 | 13 | 18.6 |
| | | 31. 구성원에게 친환경관련 정기적인 정보 제공 (예 : 이메일, 문자, 페이스북 등) | 6 | 6.5 | 5 | 22.7 | 1 | 1.4 |
| | 공공 참여 | 32. 국내외 대학 간 그린캠퍼스 네트워크 (예 : 한국그린캠퍼스협의회 등) | 20 | 21.7 | 15 | 68.2 | 5 | 7.1 |
| | | 33. 지역사회 참여 (예 : 지역민의 친환경 지식 및 실천을 위한 프로그램 운영, 교육회의, 실천행동, 강의시리즈, 학술대회, 세미나 등 개최 등) | 16 | 17.4 | 7 | 31.8 | 9 | 12.9 |
| | | 34. 타 영역과의 친환경을 위한 협력 : 정부, 기업 등 | 19 | 20.7 | 12 | 54.5 | 7 | 10.0 |
| | | 35. 친환경관련 국제, 국가행사 참여 (예 : 지구촌 전등끄기 등) | 16 | 17.4 | 5 | 22.7 | 11 | 15.7 |

| 추진 범주 | | 추진요소 | 전체 | | 조성사업 선정 | | 조성사업 미선정 | |
|---|---|---|---|---|---|---|---|---|
| | | | f | % | f | % | f | % |
| 친환경교정조성 | 에너지 | 36. 지역냉난방 실시 또는 캠퍼스 내 열병합발전소 가동 | 6 | 6.5 | 4 | 18.2 | 2 | 2.9 |
| | | 37. 에너지 효율 설비 도입 | 49 | 53.3 | 14 | 63.6 | 35 | 50.0 |
| | | 38. 에너지 관리시스템 운영 : 에너지효율 프로그램, 에너지 컨트롤 및 에너지 툴 운영, IT기기 파워 관리 등 | 35 | 38.0 | 15 | 68.2 | 20 | 28.6 |
| | | 39. 신재생에너지 사용 확대 | 35 | 38.0 | 12 | 54.5 | 23 | 32.9 |
| | | 40. 친환경실천 인센티브제도 (예 : 에너지 소비 절감율이 높은 부서 또는 학과에 포상제도 등) | 10 | 10.9 | 3 | 13.6 | 7 | 10.0 |
| | | 41. 그린리모델링 펀드(그린리볼빙 펀드 등) 조성 및 그린리모델링 시행 | 2 | 2.2 | 0 | 0.0 | 2 | 2.9 |
| | | 42. 신축 또는 대규모 리모델링 시 녹색건축인증 의무화 | 21 | 22.8 | 6 | 27.3 | 15 | 21.4 |
| | | 43. 리모델링을 위한 실내디자인 가이드라인, 신축건물 디자인 표준 제정 | 6 | 6.5 | 2 | 9.1 | 4 | 5.7 |
| | | 44. 건물별 에너지 효율성 평가 및 등급 산정, 공개 | 8 | 8.7 | 3 | 13.6 | 5 | 7.1 |
| | | 45. 에너지 절약을 고려한 수업시간표 등 공간 사용의 에너지효율화 | 12 | 13.0 | 4 | 18.2 | 8 | 11.4 |
| | 온실가스 | 46. 온실가스 인벤토리 구축 : 에너지, CO2, 폐기물, 물의 사용량과 비용 | 24 | 26.1 | 16 | 72.7 | 8 | 11.4 |
| | | 47. 온실가스 감축량 계획 | 28 | 30.4 | 13 | 59.1 | 15 | 21.4 |
| | | 48. 친환경(에너지절약) 실천행동 가이드를 제작, 홈페이지에 공개하여 구성원의 참여 유도 | 9 | 9.8 | 4 | 18.2 | 5 | 7.1 |
| | 교통 | 49. 주차구역 축소 및 높은 주차비로 대중교통이용 유도 | 11 | 12.0 | 5 | 22.7 | 6 | 8.6 |
| | | 50. 전기차 충전소 설치 | 10 | 10.9 | 3 | 13.6 | 7 | 10.0 |
| | | 51. 자전거 이용 확대 계획 : 자전거 도로확충 및 보관소 설치, 자전거 도로 및 보관소 지도 제공, 자전거이용 강좌 프로그램, 자전거 판매·수리·안내센터 운영 등 | 20 | 21.7 | 5 | 22.7 | 15 | 21.4 |
| | | 52. 보행자 우선 교통계획 | 27 | 29.3 | 8 | 36.4 | 19 | 27.1 |
| | 수자원 | 53. 수자원 활용 : 중수설비, 각 건물에서 빗물을 저장하고 사용하는 설비 (예 : 그린루프, 화장실과 관개용수에 빗물사용설비 등), 생물정화수처리시스템 등 | 16 | 17.4 | 9 | 40.9 | 7 | 10.0 |
| | | 54. 투수면적 확대를 위한 식물박스, 투수성 포장, bioswale, 습지대 조성 등 | 8 | 8.7 | 3 | 13.6 | 5 | 7.1 |
| | | 55. 물 절약설비 설치 (예 : 절수형 변기 등) | 45 | 48.9 | 13 | 59.1 | 32 | 45.7 |
| | | 56. 페트병 사용감소를 위한 음용수 시설 | 24 | 26.1 | 5 | 22.7 | 19 | 27.1 |

| 추진 범주 | | 추진요소 | 전체 | | 조성사업 선정 | | 조성사업 미선정 | |
|---|---|---|---|---|---|---|---|---|
| | | | f | % | f | % | f | % |
| 친환경교정조성 | 폐기물 | 57. 전자폐기물 및 특수폐기물 관리 : 건축 폐기물 관리, 유해 폐기물, 폐전화기 등 포함 | 24 | 26.1 | 10 | 45.5 | 14 | 20.0 |
| | | 58. 쓰레기 분리수거율을 높이기 위한 계획 | 31 | 33.7 | 10 | 45.5 | 21 | 30.0 |
| | | 59. 종이사용 감축방안 : 수업 카다로그, 수업 일정 및 목록 등 인쇄하지 않고 온라인에 무료 pdf파일 제공, 전산응용시스템, 연구정보시스템, 전자결제시스템 등 도입 등 | 28 | 30.4 | 11 | 50.0 | 17 | 24.3 |
| | | 60. 재활용센터 reuse room 운영, 재사용품 카트 배치, 재활용 안내문, 재활용 스티커, 재활용 지도 제작 공개 | 9 | 9.8 | 5 | 22.7 | 4 | 5.7 |
| | 폐기물 | 61. 폐기물 발생량 저감 방안 : 가구, 설비 등 대형물품 및 사무실 가구, 사무용품 재사용 / 빌려 쓰는 물품 온라인 라이브러리 운영, 머그컵 기증 및 활용 프로그램, 재사용 가능한 개인 머그컵 사용 시 음식가격 할인, 재사용가능 식품 포장용기사용, 소포장 개인양념 비치하지 않기, 포장용기 없는 식사하기 등 | 11 | 12.0 | 4 | 18.2 | 7 | 10.0 |
| | | 62. 음식물 쓰레기 저감방안 : 음식물 쓰레기 퇴비화, 음식물 쓰레기통 배치, 폐식용유 수집하여 바이오디젤로 재생산, 사용 전 식품 기부 등 | 14 | 15.2 | 8 | 36.4 | 6 | 8.6 |
| | 보건환경 | 63. 실험실 유해물 처리 : 유해가스, 화학물질 특별관리 | 39 | 42.4 | 14 | 63.6 | 25 | 35.7 |
| | | 64. 실내공기질 측정 평가 | 15 | 16.3 | 9 | 40.9 | 6 | 8.6 |
| | | 65. 유해물질(석면 등)을 포함한 건물 재료 교체 | 56 | 60.9 | 15 | 68.2 | 41 | 58.6 |
| | | 66. 교내 병원, 진료소 운영 | 44 | 47.8 | 10 | 45.5 | 34 | 48.6 |
| | | 67. 교내 체육센터 운영 | 40 | 43.5 | 12 | 54.5 | 28 | 40.0 |
| | | 68. 학과사무실 또는 부서에 응급약품 구비 | 52 | 56.5 | 10 | 45.5 | 42 | 60.0 |
| | | 69. 직업관련 건강관리 | 29 | 31.5 | 10 | 45.5 | 19 | 27.1 |
| | 녹지 | 70. 교내 생태환경 현황조사 및 모니터링 실시 | 7 | 7.6 | 4 | 18.2 | 3 | 4.3 |
| | | 71. 수생비오톱, 육생비오톱, 그린코너, 텃밭 등 조성 | 14 | 15.2 | 4 | 18.2 | 10 | 14.3 |
| | | 72. 토종, 가뭄에 견디는 식물종 우선 식재 | 9 | 9.8 | 4 | 18.2 | 5 | 7.1 |
| 평균 | | | 20.5 | 22.3 | 8.7 | 39.6 | 11.8 | 16.9 |

백분율은, 전체의 경우는 $\frac{\text{실시 학교 수}}{\text{전체 응답 학교 수(92개)}}$, 조성사업 선정의 경우는 $\frac{\text{각 항목 별 실시 학교 수}}{\text{선정 학교 수(22개)}}$,

미선정의 경우는 $\frac{\text{실시 학교 수}}{\text{미선정 학교 수(70개)}}$ 를 의미

# 3. 그린캠퍼스의 모델 및 추진전략 제안[18]

본 장에서는, 앞서 소개한 선진 그린캠퍼스 현지조사결과로 부터 벤치마킹요소를 도출하고, 우리나라의 전국 대학교를 대상으로 그린캠퍼스 추진실태에 대한 조사결과를 근거로 하고, 환경부의 그린캠퍼스 조성사업 선정 평가표를 참고로 하여, 한국형 그린캠퍼스를 위한 목표설정과 모델개발, 추진전략을 제안한다.

## 3.1 그린캠퍼스의 목표설정

앞에서 설명한 연구수행결과, 그린캠퍼스의 목표는 "환경오염의 최소화를 위한 캠퍼스 내에서의 모든 노력"이라는 핵심 가치를 근거로, 세 가지 측면에서 목표를 설정하였다.

첫째, 물리적 측면에서는 온실가스 인벤토리 작성 및 에너지·자원·물 등의 소비감소 잠재량 분석을 통해 에너지효율 증대 및 소비량 감소로, 이산화탄소·폐기물·폐수 등의 배출량을 최소화하는 것을 목표로 한다.

둘째, 사회문화적 측면에서는 운영, 참여, 교육·연구 범주에서 친환경 사회 추구를 목표로 한다. 특히, 교육·연구 범주에서는 교육과정, 교육프로그램을 통해 차세대 구성원인 대학생의 친환경성 이해 및 응용력을 교육하고, 친환경관련 연구성과를 적용함으로써 직접적인 이산화탄소 배출감소를 통해 장기적으로 친환경 사회 추구를 목표로 한다.

셋째, 인적 측면에서는 그린캠퍼스의 추진을 위한 모든 범주에서 캠퍼스 구성원의, 나아가서는 미래사회의 안전과 건강, 쾌적성을 우선하는 것이다.

### 3.2 그린캠퍼스 모델개발

위에 설정한 그린캠퍼스 세 가지 측면의 목표를 우리나라의 실정을 반영하여, 〈그림 257〉과 같이 실행상의 4가지 대범주로 구분하여 한국형 그린캠퍼스 모델을 개발하였다. 4가지 대범주 구분은 환경부의 그린캠퍼스 조성사업 선정 평가표를 근간으로 하고 해외 선진사례 조사결과를 참고로 지속가능한 운영, 교육 및 연구, 참여확산, 친환경 교정조성으로 구분하였다. 국내 그린캠퍼스 추진현황 연구결과 전국 대학교에서 아직 추진실태가 낮은 편이고, 선진사례에 비해 탄소 배출에 직접 영향을 주는 물리적 측면에 대한 추진이 특히 미흡한 것으로 나타났으므로, 탄소배출 저감을 위한 직접적 측면이 강조될 수 있는 모델을 개발하였다.

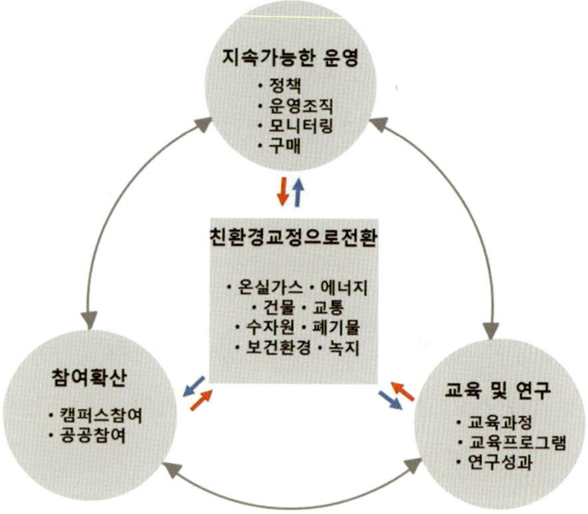

그림 257. 한국형 그린캠퍼스 추진모델

그린캠퍼스 추진의 핵심은 환경오염의 최소화 즉, 탄소배출과 화석에너지 사용량 감축이므로, 한국형 그린캠퍼스 모델은 캠퍼스 내 탄소배출 및 에너지 사용과 직접 관련된 물리적인 측면, 즉 친환경 교정조성을 핵심으로 하고, 간접적 측면의 대범주 즉, 지속가능한 운영, 교육 및 연구, 참여확산 범주에서 친환경 교정조성을 지원하는 형태로 제안한다. 이들 간접적 측면은 대학운영과 교육, 연구를 통한 구성원의 인식과 실천의 변화로 탄소배출 감소에 막대한 영향을 미칠 수 있으므로 그 중요성은 직접적 측면보다 더 클 수도 있다.

## 3.3 그린캠퍼스의 추진전략 제안

그린캠퍼스 모델의 4가지 대범주 하에 16개의 범주를 두고 각 범주별 추진요소를 단계별로 구분한 추진전략을 작성하였다(표 14). 추진범주는 환경부 평가표의 범주구분에 "건물" 범주를 추가하고 온실가스와 에너지는 추진개념 및 요소가 실질적으로 유사하므로, 정책, 운영조직, 모니터링, 소비, 교육과정, 교육프로그램, 연구성과, 캠퍼스참여, 공공참여, 온실가스·에너지, 건물, 교통, 수자원, 폐기물, 보건환경, 녹지의 16개 범주로 분류하였다.

한국형 그린캠퍼스 추진전략은 각 학교의 상황에 따라 추진요소를 선택할 수 있도록 대학 실무자 입장에서 활용가능한 자료의 개념으로 개발하였다. 과년도 전국 대학교의 추진실태 조사결과, 그린캠퍼스 사업을 몇 년간 추진하면서 노하우가 있는 것으로 보이는 학교도 있고, 그린캠퍼스 관련 담당자가 누구인지 모를 정도로 추진 시작이 안 된 학교도 있는 등 그린캠퍼스 추진현황이 대학마다 차이가 큰 것으로 나타났기 때문이다. 그 외 국립대와 사립대의 예산집행 차이, 캠퍼스의 물리적 규모차이, 캠퍼스가 있는 지역 특성의 차이 등에 따라 각 학교별 상황에 따라 선택 적용할 수 있도록 하였다.

즉, 그린캠퍼스를 위한 모든 추진요소를 가급적 빠짐없이 포함시키면서, 그린캠퍼스 사업을 처음 시작하는 학교를 기준으로 2~3년내에 시행 가능하거나 우선적으로 추진시작이 필요한 요소는 단기, 5년 전후의 기간에 시행가능한 요소는 중기, 장기적 준비가 필요한 요소는 장기로 구분하고, 동시에 이들 요소들을 핵심, 우선, 저예산 등으로 구분 제안하였다.

핵심요소는 물리적으로 온실가스 및 에너지 감축효과에 직접 영향을 주는 요소이며, 우선요소는 그린캠퍼스를 추진하기 위해 다른 추진요소에 앞서 우선적으로 추진해야할 요소, 저예산요소는 큰 예산 없이 구성원의 관심과 실천으로 추진가능한 요소를 의미한다. 어떤 추진요소들은 두세 개의 범주와 관련되기도 하였는데, 물리적으로 에너지를 감소시키는 내용은 에너지 범주로, 실천에 의한 에너지 감소는 참여범주로 포함시켰다.

〈표 14〉 한국형 그린캠퍼스 추진전략 제안 : 학교별 상황에 따라 선택 적용

◆핵심요소 ●우선요소 ■저예산요소 (단계구분 : 처음 시작하는 학교 기준)

| 범주 \ 구분 | | 단기 | 중기 | 장기 |
|---|---|---|---|---|
| 지속가능한 운영 | 정책 | ●그린캠퍼스 예산 편성<br>●그린캠퍼스를 위한 종합장기 계획 수립 | • 친환경을 국제표준 수준으로 유지<br>•그린캠퍼스 보고서 작성<br>•그린캠퍼스 추진내용 외부공개: 온라인, 그린캠퍼스 센터 운영<br>• 환경관리시스템 운영<br>●그린캠퍼스를 위한 범주별 체제 수립<br>●친환경에 대한 구성원의 문제제기, 데이터 모니터링, 수집을 위한 메커니즘 실행 | • 친환경을 최우선으로 하는 대학정책<br>• 연구, 교육, 캠퍼스 관리 세 분야에서 종합적으로 친환경 추구<br>•그린캠퍼스 추진을 위한 사전 연구, 연구결과의 실제적용 검토 |
| | 운영조직 | ●그린캠퍼스 담당자 지정<br>●그린캠퍼스관련 위원회 운영 | ●그린캠퍼스 전담부서, 범주별 업무팀 조직<br>•그린캠퍼스 경영진, 관련팀간의 네트워크 강화 : 정기적 미팅, 평가 및 토론 등 | • 대학운영진 중 그린캠퍼스 부문의 책임자 지정 |
| | 모니터링 | ◆에너지 사용량 모니터링<br>◆수자원 사용량 모니터링 | | |
| | 구매 | • 구매정책 개발<br>■친환경구매 : 친환경적인 구매를 위한 단체가입, 친환경 인증제품, 에너지효율 등급이 높은 제품, 탄소성적 인증제품, 지역생산품, 공정거래제품 등 구매<br>• 직원 1인당 1워크스테이션(또는 노트북) 점유 정책 | • 공급자 행동수칙개발<br>• 친환경식단 제공 : 지역생산 식재료, 유기농, 채식추구, 포장 최소화, 식료품 픽업서비스<br>• 도서관 : 도서의 전자화, 도서 제공 및 대여의 데이터화로 도서 구매량, 교통량, 포장, 종이 감축<br>■공정거래장터 개최 | • 구매품(정보통신관련 구매품, 사무용품, 교육 및 연구물품, 복사용지 등)의 데이터화에 의한 구매계획, 구매량 및 재고 최소화<br>• 공정거래상점 지도 온라인 공개 |
| 교육 및 연구 | 교육과정 | ■환경 및 친환경관련 교양과목 개설 증대, 필수교양과목 지정 | • 학부, 대학원에 환경 및 친환경관련 전공 또는 연계전공 개설<br>• 통합교과과정 제공 및 공간 운영 : 그린리더십 인증제, 에코트랙 등<br>• 산업체연계 또는 현장밀착형 친환경 프로젝트(교과목) 및 공간 운영<br>■기존 학문분야에 환경 및 친환경 반영, 교과목의 체계화 | • 친환경교육 프로젝트: 핵심 및 필수 교과목을 통해 모든 학부생이 친환경 지식과 가치를 이해하고 적용 가능하도록 교육 |

| 범주 | 구분 | 단기 | 중기 | 장기 |
|---|---|---|---|---|
| 교육 및 연구 | 교육프로그램 | ■학생 자율참여 프로그램 운영 : 인턴십, 워크숍, 경력 프로그램 등<br>■학생 의무교육 프로그램 운영 : 신입생 오리엔테이션 시 그린캠퍼스 교육(오리엔테이션용 시청각 자료 제작) 등<br>●교직원 연수프로그램 운영<br>●그린캠퍼스 지식 및 실천 증대를 위한 안내문 설치, 부착 : 건물별 에너지 생산 및 소비 정보, 친환경 시설물 및 요소 등 | ■그린캠퍼스에서의 체험을 통한 친환경지식 함양<br>•대학원생을 위한 다학제적 환경교육프로그램 및 센터 운영 | •그린캠퍼스를 위한 시설과 연구, 교육 연계 프로그램: 환경교육을 위한 유아학습센터 등 |
| | 연구성과 | •환경·친환경 분야 연구기관 운영 | •'실험실로서의 캠퍼스' 지원 | •친환경, 건강, 웰빙 연구 지원<br>•친환경연구를 통한 정부정책 지원: 국제회의 활동, 대표단 운영 등 |
| 참여확산 | 캠퍼스 참여 | ■교내 친환경 네트워크 지원 : 교직원·학생·동문네트워크, 학생회, 동아리, 학생위원회 포럼 등<br>■그린캠퍼스 프로그램, 행사 지원 : 학술제, 공모전, 봉사활동, 캠페인, 프로젝트, 서명, 체험, 경진대회, 발표대회, 자전거타기 대회 | ◆친환경(에너지절약) 실천행동 가이드 제작 공개<br>■구성원 대상 친환경 실천 우수상, 인센티브제도<br>•프로젝트 공간 운영: 실험실, 에너지 관련 스터디공간 등<br>●구성원에게 친환경관련 정기적인 정보 제공 | •참여단계이론을 근거로 구성원/공공의 친환경활동 참여 확대를 위한 지원계획수립 |
| | 공공참여 | ●국내·외 대학간 그린캠퍼스 네트워크<br>■타 영역과의 협력 : 정부, 지자체, 기업 등 | •국제 네트워크 : ISCN, SDSN 등<br>•환경 및 에너지관련 국제·국가 행사 참여<br>•지역사회 참여 : 지역민을 위한 프로그램 운영, 교육회의, 실천행동, 강의시리즈, 학술 대회, 세미나, 친환경 투어 등 개최 | •지역사회와 소통 : 파머스 마켓, 대학의 그린캠퍼스 추진에 대중의 참여 개방 |
| 친환경교정조성 | 온실가스 · 에너지 | ◆에너지 효율 설비 도입<br>◆온실가스 인벤토리 구축: 에너지, $CO_2$, 폐기물, 물의 사용량과 비용<br>◆신재생에너지 프로젝트<br>◆에너지효율 프로그램·에너지 관리시스템·에너지 컨트롤 및 에너지 툴 운영, IT기기 파워 관리 등 | ◆실험실 온실가스 관리 운영<br>•지역냉난방 실시, 캠퍼스 내 열병합발전소 가동<br>•연말휴무제: 크리스마스부터 연휴 2주간 특수부분을 제외한 대학건물을 정전함으로써 에너지 절약 | ◆에너지자립캠퍼스 또는 탄소중립 장기계획 수립 및 추진: 에너지소비감축 잠재력 파악, 에너지생산 잠재력 평가, 종합적인 에너지 시스템 모델링 |

<table>
<tr><th colspan="2">범주 / 구분</th><th>단기</th><th>중기</th><th>장기</th></tr>
<tr><td rowspan="3">친환경교정조성</td><td>건물</td><td colspan="3">◆그린리모델링 펀드(리볼빙 펀드 등) 조성 및 그린리모델링 시행 : 가장 에너지소비가 큰 건물부터 순차적 시행<br>◆리모델링 및 신축시 요소<br><table><tr><td>컨셉</td><td>-에너지소비 감소 및 에너지효율 향상<br>-제로에너지화를 목표로한 건물의 기능·성능과 공간프로그램<br>-인테리어와 기계시스템 개선<br>-열쾌적성과 실내공기질 개선<br>-건물소음의 최소화·명료도를 고려한 디자인<br>-건강성<br>-공간의 유용성·안전성·접근가능성 향상<br>-보행자우선<br>-역사적 외관의 보존 등</td></tr><tr><td>요소</td><td>-에너지와 탄소배출: 태양광발전패널 설치, 태양열온수시스템, 지열냉난방, 냉난방 시스템의 고효율화·현대화·자동화, 에너지 모니터링시스템 설치, 단열·기밀 등의 건물외피 및 창호 개조, 워크스페이스별 공조, 고효율기기, 효율성과 내구성을 고려한 조명기구(LED 광원 등)선택, 조명자동센서, 동작감지제어, 일조량에 따른 조도조절, 자연채광확대, 현휘 및 열획득 저감 투명외장재, 에너지 절약적 공간사용을 위한 용도변경, 효율적·가변적 공간사용, 키친 설치, 케이터링서비스, 중앙집중형 쓰레기분리센터 등<br>-건강: 복사냉난방패널, 실내공기질 관리계획, 자연환기(창 또는 시스템), 열회수 환기시스템, 공조시스템 개조,건물의 구획 및 층별 재실자 유무에 따른 환기조절, 온도센서에 의한 자동창호개방 환기시스템, 100% 외부공기유입 공조, 유해물질 없는 마감, 지하주차장의 CO센서, 눈부심방지를 위한 블라인드, 건물소음의 최소화·명료도를 고려한 디자인요소 등<br>-대중교통: 대중교통과 근접, 자전거 거치대 및 샤워시설 등<br>-수자원: 상수관과 배수관 교체, 재활용수배관에 변기용수배관 연결, 물 절약형 설비(듀얼 플러쉬, 물절약형 수전, 워터리스 소변기 등), 폐수재활용시스템, 빗물저장시설, 건물별 빗물 저장(에코루프 등) 및 사용(화장실과 관개용수 등), 건물주변 투수성 포장, PET병의 소비감소를 위한 음용수시설 설치 등<br>-생태·토지이용: 기존대지의 재사용, 재사용·재활용·지역생산 자재, 고재활용 자재, 성장이 빠른 수종으로 만든 자재, 자원의 사용량을 적게 쓰는 방법으로 생산된 자재사용 등</td></tr></table></td></tr>
<tr><td>교통</td><td>■전기차 충전소 설치<br>◆자전거 인프라 : 자전거 도로 및 End of facilities(자전거 주차장, 사물함, 샤워시설 및 탈의실 등) 확충, 자전거 판매·수리·안내센터 운영<br>■자전거 강좌 : 자전거 이용지도 및 앱 제공</td><td>◆대중교통 이용 활성화 : 캠퍼스 통과 대중교통에 보조금 지급으로 구성원 무료 이용, 주차구역 축소 및 높은 주차비, 주차지도 공개, 단기대여 자동차를 구비, 공공쉐어링카의 주차공간 마련<br>●캠퍼스 자전거 제공</td><td>•교내 대중교통 인프라: 대중교통 이용률 조사, 수요응답형 교통서비스, 지하철프로젝트<br>◆항공: 교직원 항공출장의 온실가스배출량 보고 및 offsetting 계획, 화상회의시설 설치, 출장·여행관리시스템<br>◆전기차 이용 활성화: 캠퍼스 전기차 배치, 학교업무 차량을 친환경차로 전환</td></tr>
<tr><td>수자원</td><td>•페트병 사용감소를 위한 음용수(정수기 등) 시설 및 맵 작성공개</td><td>◆빗물관리 : 분산형 빗물관리 계획, 빗물 저장을 위한 옥상녹화, 생물정화시스템 등(그린리모델링과 연계하여 순차적 시행)</td><td>◆투수면적 확대 : 식물박스, 투수성 포장, 바이오스웨일, 습지대 조성 등</td></tr>
</table>

<table>
<tr><th>범주 \ 구분</th><th></th><th>단기</th><th>중기</th><th>장기</th></tr>
<tr><td rowspan="2">친환경교정조성</td><td rowspan="2">폐기물</td><td colspan="2">●폐기물 발생량 저감방안 운영<br>-종이사용 감축정책: 온라인에 무료 pdf파일 제공, 전산응용시스템, 연구정보시스템, 전자결제시스템 등 도입 등<br>-reuse room, 재사용품 카트 배치<br>-빌려쓰는 물품 온라인 라이브러리 운영<br>-재활용 안내문, 재활용 스티커, 재활용 지도 제작·공개<br>-재활용센터·재활용 온라인 서비스: 가구, 설비 등 대형물품 및 사무실 가구, 사무용품 재사용</td><td rowspan="2">◆폐기물 관리계획 수립: 폐기물 발생량, 처리비용, 처리방법, 데이터화, 폐기물처리 담당자 공개 포함</td></tr>
<tr><td>●쓰레기 분리수거: 리사이클링 안내문 공개, 쓰레기통 라벨링과 배치 확대 등<br>■식품포장폐기물 감축 : 개인 머그컵 사용시 음식가격 할인, 재사용가능 식품포장용기 사용, 포장용기 없는 식사하기, 소포장 개인양념 비치하지 않기<br>•음식물쓰레기 저감 : 유기물 재활용방법 조사, 음식물쓰레기 퇴비화, 음식물 쓰레기통 배치, 폐식용유 수집하여 바이오디젤로 재생산, 사용전 식품 기부</td><td>•전자폐기물 및 특수폐기물 관리: 건축 폐기물 관리, 유해 폐기물, 폐전화기 등 포함</td></tr>
<tr><td rowspan="2">친환경교정조성</td><td>보건환경</td><td>◆실내공기질관리 : 유해물질을 포함한 건물 재료(석면 등) 교체 실시<br>●교내 병원, 진료소, 체육센터 운영<br>■학과사무실에 응급약품 구비<br>●실험실 유해물 처리 : 유해가스, 화학물질 특별관리</td><td>◆실내공기질관리 : 실내공기질 업무팀에 의한 실내공기질 평가 및 건물개조</td><td>•건강서비스<br>•직업관련 건강관리</td></tr>
<tr><td>녹지</td><td>•종합 해충관리 계획 수립: 살충제 사용감소 등<br>•토종, 가뭄에 견디는 식물종 우선 식재<br>•수생비오톱, 육생비오톱, 그린코너, 텃밭, 가든, 옥상녹화, 친환경 보행자 통행로 등 조성</td><td>•생물종다양성을 고려한 캠퍼스 디자인<br>•녹지공간 확대</td><td>•교내 생태환경 현황조사 및 모니터링, 인벤토리 구축, 나무 데이터 공개<br>•생태 문화 확산: 습지보전, 조류전망대, 식물표본실, 양봉, 다학문적 연구자와 시설기반팀간의 파트너십 구축, 캠퍼스의 역사문화적 해석</td></tr>
</table>

# 인용문헌


1 경기개발연구원(2010). 그린캠퍼스 실천 매뉴얼 및 온실가스 인벤토리 모델 개발. p.11.

2 김민경(2014). 캠퍼스 건물에너지효율화를 위한 국외 사례와 시사점. 대한설비공학회지 설비저널, 43(1). p.19.

3 http://www.ipcc.ch IPCC(2013). 5차 평가보고서

4 https://www.ipcc.ch/sr15/ special report Global Warming of 1.5℃

5 김원 외 13인 공저(2009). 친환경 건축설계 가이드북. 도서출판 발언. pp.74-75.

6 UNEP(유엔환경계획) 홈페이지 http://www.unep.org/newscentre/default.aspx?DocumentID=26851&ArticleID=35528

7 온실가스종합정보센터 http://www.gir.go.kr/

8 한국무역협회 무역통계 http://stat.kita.net/main.screen

9 IMF(국제통화기금) 통계자료 http://www.imf.org/ - data and statistics

10 박기헌(2015). 대학 캠퍼스 건물의 에너지 효율개선 방안 연구. 에너지경제연구원. p.3.

11 방민애. 최윤정(2016). 국내 그린캠퍼스의 개념 및 조성계획현황 고찰. 충북대학교 생활과학연구논총, 20(1) : 157-167.

12 최윤정·이다슬·이승목·김도경(2018). 국내 그린캠퍼스 추진현황 연구 - 관련제도 고찰과 전국 대학교의 추진실태 조사-. 주거환경, 16(2) : 107-127.

13 Yoon Jung Choi. Minjung Oh. Jihye Kang. Loren Lutzenhiser(2017). Plans and Living Practices for the Green Campus of Portland State University. Sustainability 2017, 9(2), Paper No.252.

14 최윤정·홍찬의·이수인(2017). 해외현지조사에 의한 독일 베를린자유대학교의 그린캠퍼스 추진내용 분석. 한국생활과학회지, 26(2) : 157-170.

15 최윤정·이승목·이다슬·김도경(2017). 해외현지조사에 의한 핀란드 알토대학교의 그린캠퍼스 추진 범주와 요소 목록화. KIEAE Journal, 17(6) : 51-62.

16 최윤정·권다혜·남유민(2018). 해외현지조사에 의한 호주 멜버른대학교의 그린캠퍼스 추진특성 분석. 한국생활과학회지, 27(3) : 233-251.

17 이승복 (2004). 독일의 환경친화적 빗물이용 현황. 국토, 통권276호 : 96-101.

18 최윤정·정연홍(2018). 한국형 그린캠퍼스 모델개발 및 추진전략 제안연구. 주거환경, 16(2) : 301-316.